山水柏舟
一席茶

SHANSHUI
BAIZHOU
YIXI CHA

王迎新 / 著

广西师范大学出版社
GUANGXI NORMAL UNIVERSITY PRESS
·桂林·

图书在版编目（CIP）数据

山水柏舟一席茶 / 王迎新著. 一桂林：广西师范
大学出版社，2017.3
（风雅中国丛书）
ISBN 978-7-5495-9497-9

Ⅰ．①山… Ⅱ．①王… Ⅲ．①茶文化－中国
Ⅳ．①TS971.21

中国版本图书馆 CIP 数据核字（2017）第 019934 号

广西师范大学出版社出版发行

（广西桂林市中华路 22 号　邮政编码：541001）

网址：http://www.bbtpress.com

出版人：张艺兵

全国新华书店经销

济南继东彩艺印刷有限公司印刷

（山东省济南市市中区段店南路 264 号　邮政编码：250022）

开本：787 mm × 1 092 mm　1/16

印张：15　　字数：60 千字

2017 年 3 月第 1 版　　2017 年 3 月第 1 次印刷

印数：00 001~10 000 册　　定价：50.00 元

如发现印装质量问题，影响阅读，请与印刷厂联系调换。

余自幼习画习茶，热爱山川风物，近十年间在全国各地的茶事实践中行走，致力于人文茶道的教学。每每入高山、江流，莫不深感中国山水精神与茶事实践颇多关联，遂以宋代画家郭熙《林泉高致》中的妙论十六种，喻中国茶道之自在无碍，广博包容。

序一

茶路幽远，是一场生命的旅行

理想的茶席是自然、人文与生命个体的境界融合，是俯拾即是、不取诸邻的左右逢源。

迎新——一个清净温雅、轻盈含笑的女子，在青山白云间、在潺潺流水畔、在幽深古寺里、在漫漫红尘中，随意点缀，妙手成春，来布置她心灵的茶席。席间是淡水轻烟，是花香幽幽，是器物清雅，亦是些平日里用心拣择的寻常之物，却又贴切地交融于一席之间，散发出生命的大美。

一切境界，唯心所显。

茶路幽远，是一场生命的旅行。

心灵深处，她施与茶席的是寻常之中耐人寻味的意蕴；俯仰之间，有平素修养的品味。

她的茶道美学课，崇尚人文茶席的美学精神，俨然成了一次次充满生命之美的因缘际会。和合众生，因茶结缘，带着期待而来，怀着清净而去。每一次茶课，皆有奇妙的因缘，和清净欢喜的充满，让人体悟着一期一会、当下圆成的生命真谛。

文学有其自身的魔力。它连接着过往，记录着当下，向未来敞开。生命的点点滴滴，在文字里，生发出新的生命，使阅读者体验生命的奇特与美好。在某种意义上可以说，迎新是一个妙人：妙于感悟，妙于审美，妙于生活，妙于习茶，又妙于文字……书里的文字，是她日常习茶的点滴感悟。透过文字，我们仿佛伴随着迎新重历习她茶经历中种种的生命际遇。她的锐感，挥洒在山巅水涯、古寺茶舍和浮生日常之间。她惊叹于青州古佛的千年微笑，神往于林泉高致的生命智慧，敏感于习茶生命的点点滴滴，既从容豁达，又细腻敏锐，充满着灵性和优雅。

"安然的古木楼，苔绿的天井，静好素朴的席面、茶具、烛光，温暖的笑颜，落入瀹茶者、饮茶人的眼中；若有若无的松针香，注水、出汤之际，乳白的水雾挟着纯净的茶香飘至我们的鼻中，是细致的嗅觉体验。雨声、茶鼓声、琴声、箫声，低语的的茶话，一一路过我们的耳边，是递进的事茶音韵。待温热的琥珀色茶汤倾入，玄黑里托起一盏流动之温暖，举盏细啜，清晰感受茶汤从舌尖荡漾，滑下喉咙，温暖至丹田，从味觉之愉悦生发欢喜之心。在茶事的细节、过程里体味茶的流动之美，体味人与境、与人、与器的和悦之趣。这些方是设席事茶之最终目的，亦是人文茶席之真实践行！"

这样的文字，冰心可鉴，晶莹剔透，如墨香微凉，如茶在书中。处处吐芳之际，带我们的心灵走向诗和远方……

肖建军

（肖建军，中国人民大学美学博士，师从陈传席教授，现为中国社会科学院世界宗教研究所宗教文化艺术研究室博士后，研究方向为佛教义理与图像、书画理论与实践，并从事艺术批评和诗词书画创作，倡导诗意栖居的生存理念，致力于传统文化和中式审美生活的推广，兼及茶事活动。）

序二

吃茶一水间

我本想要取一个非凡一点的标题，想来想去，感觉还是王迎新老师自己的这个斋名比较贴切。

就像王老师解读她拍照的图片说的那句话"只要人坐在这个环境中的感觉"，这是多好的一种场景，人坐在环境中！就像在王老师的茶斋喝茶，最好的叙述就是"吃茶一水间"。

在"一水间"吃茶，目力所及处每个瞬间都很受用。这种"瞬间" 有点不清晰的感觉，因为我既想说时间又想说空间——时间上与人与茶相会，空间上与人与茶相会。我想说的是静中的动，也是情景中的场景。动静之间，遍地都是细节：起初沉醉于"夜静春山空"，然后再感概"时鸣春涧中"。然而我们终究不能入了春涧中，便用一下午的晴空，换得吃茶"一水间"。

王老师刚营造"一水间"的时候，我便去过。后来，即使人居苏州，其间也断续走动。每一次回昆明都想要去看一看迎新老师，看一看她的小院子。可能是在苏州呆得久的缘故，身边没有院子的时间里，总觉得喝茶缺了点什么。可是真要想说清楚心里的院子，又感觉语言上缺了点什么。于是"一水间"成了我念想中的院子，想起它，便想起了与王老师吃茶。

元人太干净，多一草一木都嫌弃。明人开始有了颜色，浓淡总相宜，略施粉黛已是水厄，长物无用。我们不知不觉回到了宋。大宋有这样的气质：溪山之畔行旅，寒林中寄寓，不过松涧竹下，吃茶一水间。

王迎新老师学老莲的线条，却学成了青藤的不拘。"一水间"桌上一束杜鹃，仿佛为小山做的注脚："以万物为师，以生机为运。"随手拈来，满室便明艳了，再加上各式的菖蒲，春意溢了一屋。

这时候才感概"一水间"这个"水"字用得绝了。这样的地方，空气中都是湿润的，没水怎么行？

聂怀宇

（聂怀宇，曾是理科程序员，半路从事文化产业。云南人漂至苏州，自称新江南人士，虽未习会吴侬软语，但爱姑苏情怀。不过骨子里是既热爱家乡云南，又喜欢新故乡江南。在双城间穿梭生活，庆幸有茶相伴可以不时清清脑洞。）

自序

　　刚柔交错的天文万象，春夏秋冬的四时变化，山水间的万物生长，是我们置身的世界。我们有幸在宇宙的某万分之一瞬间得以看见，得以感知；文明以止，以文止之，以文化之。有幸得人身觉知世界，修习知识，闻见草叶花香，闻听乐音与松风鸟鸣，品尝美食与茶汤，在心底生发愉悦、痛苦、思念、忿恨、懊恼与欢欣。这是上天赋予人的一小部分，另外的一大部分，是通过心的观察领会，知晓所行所为的法与度，知晓通过对一件事物的热爱、专注，让我们生命可以生发最大的喜悦。这样的喜悦广阔无边。或许，它已经走出我们自己的身体，在天地间展翅而飞。而在飞翔的快乐中，它又绝不会忘记将看见的一切回馈到我们的心里来。生命是这样奇妙，所以我们留在世间。

　　很多人在问：中国有没有茶道？其实是想知道，中国茶道是什么，在哪里。一间茶室中氤氲的茶香，一张茶案上行茶的轨迹，一场静谧的茶会，都是茶的一部分。这些物象的存在是最具象的，也是美的，但还不是茶的全部意义。中国的茶，从一片神奇的东方树叶开始，在中国人的一双手中，幻化出醉人的色、香、味、形。它早就从一棵植物、一个简单的解渴之饮中跳脱出来，成为一种在任何情况下都可藉此舒张心志的指月之物。竹间松下，溪山落日，无穷寒荒之境，行走中的人与茶，心至足至，便可以安坐下来。"午困思茶无处煎，溪桥侧畔认炊烟。"掬泉煮茗，快活忘忧。"灼然一切处，光明灿烂去。"瓦屋纸窗、斗室陋屋也可以"今朝寂寞山堂里，独对炎辉着雪花"。

"照人如鉴止如渊。古窦暗涓涓。当时桑苎今何在，想松风、吹断茶烟。著我白云堆里，安知不是神仙。"茶于中国人，近乎是一种游离在物质之上的生命承载。中国的茶道，便从不拘泥于一招一式，茶事亦如禅诗云：白牛之步疾如风，不在西，不在东，只在浮生日用中。浮生日用，这一句最真切的就是茶的本意与初心。茶之道不是用来表演的。它是让我们在生命体验里觉知自我，映现山川万物，天地大美；它是我们在有限的生命和有形的行走中，与此时此地、彼时彼境的对话；它是我们在无限的思维空间和暗夜里，人文的微光闪烁，照见小我与天地。

我小心地记录下了这些年的行走，行走中的茶事。回过头来看，那些经历过的山水是一轴正在慢慢展开又收起来的长卷。茶和我，在这个时空里，一动一静，没有分别。

王迎新

2016 年 7 月于一水间

序一……1

序二……1

自序……1

第一品　养素……**1**

　　富春山中小洞天……4

　　隐者张放的一盏鉴山红……10

　　雪航和尚的焦枣茶汤……15

第二品　妙机……**19**

　　宝古之器……22

　　韩国的松……26

第三品　远观……**37**

　　烧尽山泉竹未枯……40

　　红泥炉与穿心铫……43

　　一炉山水傍茶行……47

第四品　可居……**53**

　　嵩阳书院的慧苑水仙……56

　　慢轮上转出的烤茶罐……59

第五品　精专……**63**

　　富春茶社魁龙珠……66

目
录

又绘清蒲入茶瓯……69

第六品　大宾……**73**

　　传香·寻源宝洪古寺……76

　　小桃花村的无我茶会……81

第七品　三远……**83**

　　盐隆祠里"冬藏养"……86

　　峨嵋云归处……89

第八品　绝胜……**95**

　　灵岩寺裂裟泉煮茶……98

　　太行听风……102

第九品　化成……**107**

　　兰汤桥头苦楝花香……110

　　腊八梅花茶会记……116

第十品　磅礴……**123**

　　卧佛寺中得大自在……126

　　勐库大雪山野生大叶种茶树群落探访记……129

第十一品　无形……**135**

　　宝瓶观水 洞天谈诗……138

　　怀古经石峪……144

第十二品　精神……**147**

　　建水文庙一席"德有邻"……150

　　甘露寺中且听清凉茶语……154

第十三品　不及……**159**

　　临济寺拾了几朵菊蕾……162

　　远去的拙政园……168

第十四品　可容……**173**

　　桃花源中广南茶……176

　　戈根塔拉草原上的茶席……179

　　和父亲一起喝茶……182

第十五品　和季……**187**

　　青石板上烤新茶……190

第十六品　三昧……**195**

　　大理感通寺里的茶与诗……198

　　暮雨中的惠山竹炉与菖蒲……207

　　敦煌一梦……210

代后记……**220**

第一品

　　君子之所以爱夫山水者，其旨安在？丘园养素，所常处也；泉石啸傲，所常乐也；渔樵隐逸，所常适也；猿鹤飞鸣，所常观也；尘嚣缰锁，此人情所常厌也；烟霞仙圣，此人情所常愿而不得见也。

第二点　营造

营造所当筑者如京师冀都不当乐如淮推陈蔡
不当适也精鹤起鸣而当观世麋鹿优鹜
此久鹤而麋以烟霞优畜沙人情不当思不得见之也
空林寂寂吾尽音等幽寻幽堪寻雅寻雅
而知空寨永人海推寻雅寻优群之尽寒而尽
向身之幸丘园卷素散舟江海虚堂晴嶂尽

丙申年　阔甫书

迎新语：世生山水，万物生灵。吾等由闻之、行之、见之而知之，会泉石、渔樵、寻猿鹤、仙圣之迹，实为人身之幸。丘园养素，放舟江海，尽皆快意。

山小柏舟
一序茶

富春山中小洞天

龙泉吃了喜酒，一路舟车入富阳。竹林影山，如卷展卷收。致富春江边，天气顿凉。会诸友，烫女儿红，啖江鱼数种。友送余与砚田备纸墨笔砚趁夜进山，入住村舍。夜观小院有一架泡果，一石几。二楼又有一桌数椅，逐搬至露台，折竹入玉壶春瓶，煮泉闷泡前几日一君赠的青柑熟普。夜色渐深，虫鸣声稀。三壶饮过，星月皆隐。一脉山川，眠在子久公的剩山墨痕里。

原本只是路过富阳，准备直接去龙泉吃喜酒的，临时想起去看看黄公望画《富春山居图》时隐居的小洞天。没想到一走近富春山茂密的竹林和小洞天就喜欢不已，遂约定龙泉回程不走黄山，到富春山里小住几日。砚田画画写生，我寻个竹下吃茶，岂不快哉？

年纪愈长，愈觉得时间自由的宝贵。而吃茶又是一件需要慢下来做的事。三年前思虑再三，我决定从就职十来年的报社辞职，得以现在尚可偶尔随性，去想去的地方、见喜欢的人。每年携茶天涯行旅，有时是去讲课，有时是探访山水，总是能遇见些喜欢的地方和事物。

回程时先央朋友在小洞天附近找到家农家旅社，吃住都很方便。我和砚田便趁夜潜入山中了。山里的夜黑似浓墨，没有半点声响。搬了笨重的八仙桌到露台，龙泉陈善林兄赠的玉壶春瓶拿来插了竹枝。水沸，瀹 2010 年的"惠风饮"，熟悉的花蜜香一腾起，便似在家里了。望望看不见的富春山，那些笔墨一定是化在了这夜色里。随身带的一把折扇刚好未题字，拟了段文字，砚田吃过几盏茶，才颇

有兴致慢慢替我书在扇上，路途中拂暑亦多了几分味道。

次日，携茶和写生薄复赴小洞天。通往庙山坞的小路修竹翠微，偶尔还有几株茶树。当年，一心隐入山林的黄公望也是沿着这条竹叶铺就的小路慢慢走进来的吧？小洞天的石径畔有灌木茶树丛，种植的时间应该不长，当年这里是不是也有茶树年年春天抽发新芽，甘润的茶汤伴随着他春秋的画案一角？询问了当地人，说是从杭州引进的龙井茶树。

黄公望80余岁时在《秋山招隐图》的题记中写道："此富春山之别径也，予向构一堂于其间，每春秋时焚香煮茗，游焉息焉。当晨岚夕照，月户雨窗，或登眺，或凭栏，不知身世在尘寰矣。额曰'小洞天'"。笔墨案头，青山深隐，画家身边有香茗陪伴，也可慰寂寥了。小洞天南侧有一临崖小楼，名"南楼"。据说是黄公望的画舍，《富春山居图》就是在小楼中画就的。登南楼，远眺青山碧水，薄雾缭绕，无尽的山岚清气迎面而来。前两年曾去过张大千于 1939 年在江县马村乡客居时的"大千纸坊"，原来是当地造纸人家石予清的家。张大千在这里住了不少时日，专门设计了宽纹纸竹帘制成暗纹印在纸上，后来，这种印有云纹花边和"大风堂造"的宣纸让夹江宣名扬四海。大千先生的画室坐落在一块巨大的顽石上，推门是一个围有矮石廊的露台，位置恰好在顽石的边上。放眼望去，两山虽蒙在雨雾里，却暗藏气势。这画室与"南楼"有相似的地方，又各有意趣。一个旷远豁达，一个雄奇伟峻。

这样的山水濡养出来的《富春山居图》咫尺千里，淡泊苍莽。明末传到收藏大家吴洪裕手中，其人每天不思茶饭地观赏临摹，并曾在"国变时"置其家藏于不顾，唯独随身带了《富春山居图》和《智永法师千字文真迹》逃难。后来，他甚至在临死前下令将此画焚烧伴随自已而去，幸被侄子及时从火中救出。画已

山小柏舟
一席茶

被烧成一大一小两段：前段画幅称"剩山图"，后段画幅称"无用师卷"。

《富春山居图》耗去了黄公望数年的光阴。他一次次走过那条竹林小径，泛舟富春江或步行在青翠的山脊。老年时他曾在画中题款说："兴之所至，不觉亹亹。"我们在富春江上乘流而下。两岸起伏的线条依旧看得出《富春山居图》的山峦踪迹，只是盖起了无数高楼；偶尔有平岗连绵，满植青竹，竹枝在江风里晃动，江水流得太快，亹亹的倒是这翠微杳霭的竹林。泛舟回来的路上，竹林边发现两棵近三米高的灌木茶树，叶形与小洞天前的相同，似是丢荒在竹林边未经修剪，且自然长高的。

深秋，富春江水的颜色有些灰暗，不如庙山坞底小洞天前面的一潭碧波清冽可爱。传说庙山坞的山脊酷似筲箕的竹肚皮，加之有山泉潺流而下，故得名筲箕泉。小洞天前面的碧潭应该是筲箕泉流经所蓄。泉水在漫山的竹根间穿流过滤，水质清活。我们早早在农家点了白灼河虾、清蒸鱼和鲜竹笋吃过，携茶在潭边汲泉煮茶。先用龙泉青瓷盖碗泡了顾渚紫笋，再瀹一壶老普洱熟茶。黄昏时游人渐稀，将一壶琥珀色的茶汤喝到极淡，富春山安寂如眠，天光也浓郁成黛色，像是"剩山图"边那缕曾经燃起又熄灭的青烟。

隐者张放的一盏鉴山红

初冬到苏州，海棠就一直说要带我去个好地方，想来必是不错。末了我却是和米饭、涛哥一起上了东山喝碧螺春。一行人边走边想象着隔了半座山的海棠跳脚着急的模样。

鉴山堂主人张放的小园子有一株古腊梅。我对腊梅敏感得很，一眼便想起金农的那帧"嗅梅图"。张放穿着深灰蓝的棉袍和黑布鞋，站在小院告诉我们，腊梅树的根上有棵灵芝。低下头去寻，果然发现有一朵大灵芝，一层层堆积着长，竟有十来层。张放说，十余年前开始回到这里一石一瓦修复祖屋的时候，腊梅树下就长出了这朵灵芝。一年长一层，其间还有两次喷涌出黄色的"烟雾"：一次是在一位高僧来访时，一次是在贵人临门时。后来知道，那是灵芝的孢子。

我念想着鉴山堂白雪飘飘的日子，腊梅幽香蜜黄，灵芝紫亮，张放和妻子在小阁楼上泡一壶春天亲手做的碧螺春红茶，遥望着太湖边的雪中东山。东山雪白，茶汤蜜红。

张放十多年前弃"IT 业"入山，修缮祖屋。夫妻二人自己种菜，采野果子泡酒，自己采茶，用果木树枝炒。鉴山堂下除了茶树更多的是橘子树，四季的风景在小阁楼的窗台边便可轻易揽来。

　　张放煮开水，泡了一壶用本地小叶种自己做的鉴山红茶，手法随意自在。去年在北京香山卧佛寺茶聚，海棠赠过我一袋"422"。此茶稀贵，她手头也不过少许。那日进京，海棠带了两件东西：一件是新鲜手剥的鸡头米，另一件是鉴山红茶"422"。她在卧佛寺里泡过一回，那软糯的回甘滋味，至今还有味觉记忆，所以也才有了今日的东山访隐探茶。

待吃了张放的这盏茶，只有用"清艳隽爽"几个字来与舌头做交待。东山的茶嫁给东山的水，在东山隐者的手里，茶汤也有了离尘的滋味。

余韵未尽，米饭、涛哥请我掌壶。先泡了一壶临沧的勐库古树，香气没有出来，茶汤闷闷的。换了2007年的冰岛古树茶，注水时就嗅见熟悉的气息。就是这样，行走中的茶，有时会突然改变了性格，似能感知到陌生的环境，自己先生出一分拘谨，尽失常味。过了几日，它渐渐安定下来，打开心扉；而有的茶，像是早已习惯旅途与行走的游侠，见多了风雨，陌路红尘，大漠黄沙，都能一样自如。张放连呼："好喝！好喝！"

东山上的水，红土高原的茶，在鉴山堂一直吃到尾水，喝出冰糖甜。一行人论水话茶，兴致颇高，不觉夕阳照进小楼，一屋子亮堂，别有一番光景。

别过主人，乘兴而归。海棠在山下等我们，暮色里的腊梅树成了墨影。我念想着鉴山堂白雪飘飘的日子，腊梅幽香蜜黄，灵芝紫亮……

雪航和尚的焦枣茶汤

雪航小和尚采了竹枝与野花，早早在广福寺三贤院里备下了茶席。拜见过方丈本悟法师，我们一一入席落座。雪航和尚煮开一壶水，空气中便飘起淡淡枣香。紫砂壶里泡的是普洱熟茶。一汤既出，在千里之外的古寺嗅到熟悉的家乡茶香，顿感莫名亲切。细啜一口，熟茶香里似乎又多了一分焦香气息。

先是静静听本悟法师开示。到了随意聊天的时候，才轻声问雪航和尚：今日用的是什么水？可是放了枣子一起熬的？雪航和尚告知：水里是煮的焦枣。这焦枣与熟普洱茶竟能妥帖相合，真是好滋味。后来才知道，焦枣本是山东阳谷、茌平特产，由鲜红枣经水煮、窑熏、阴凉等术制成，仅窑熏工序，便历时 6 天要反复 3 次，经"三次窑子六遍水"方可。焦枣可补气血，又可以御胃寒。寺院素食，以此焦枣水瀹茶于肠胃确是温和。平日，有的人体寒却又贪杯，用

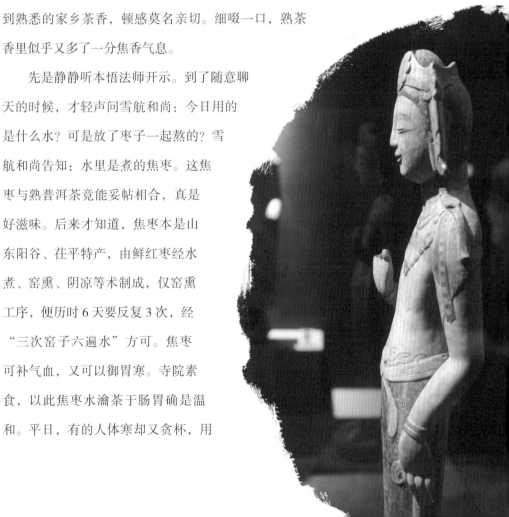

这个法子也是极好的。

广福寺素有青州"兰若之甲"之名。年前因昆明员兰师兄之缘认识青州的李卫师兄姊妹，昨晚一行人从济南到青州千里奔袭，过博山、临朐，顺道访了挖山屯毛石的农家、精雕红丝砚的冶砚人，傍晚风尘仆仆到了青州。热心的李卫师兄妹早备好饭菜为我们洗尘。听说我们到青州博物馆拜观古佛像，又盛邀我们到广福寺，于是才有了今日的茶缘。

茶歇，听说寺院北侧的山坡上有一片舍利塔林，我与砚田便顺小路前去拜观。山坡上芳草青青，十多座舍利塔最高的约有 8 米，均以圆形石柱或八楞石盘搭砌而成。北侧山崖下有两间石室，探头可见禅床、圆形石火塘，门头上朱漆写的"闭关房"想是后人所题。崖壁上依岩开琢出 80 多个大小不一的方形石龛。舍利塔与岩壁久经风雨剥蚀，苍古斑驳。广福寺始建于北魏晚期。《续高僧传》里曾载："古名岩势之道场也，元魏末时创开此额。"昔日的青州因隋文帝敕建舍利塔并

大兴法事，而"诚一郡兰若之甲者也"。后经宋、明、清历代修葺，又几经损毁。2007年本悟法师从天台山只身来到青州，一砖一瓦，一草一木，靠十方的居士、信众发心汇聚积累，寺院才得以重建。"东有普同之塔，南有观音之岩，西有八仙之台，北有劈峰之山。钟鼓山崎于前，前乡台昂于右。蜿蜒环抱，上下隐伏。诚一胜景之奇秘也。"明成化年间青州府儒学教授邢宽所撰《重修广福寺记》碑里的景象又重现今日。

古代"九州"之一的青州实在是蕴宝福地。此行所为的龙兴寺古佛像缘于多年前见到的一组泛黄的图片，那些慈悲而温和的笑意和眉眼自见到就一直留在了心中，青州一直是我的一个梦。

真正站在古佛像面前时，我的呼吸也小心起来，怕惊扰了这个远古的长梦。深藏在泥土下的岁月没有痕迹，也无法想象谁人之手可以雕琢出这些慈悲法相。丰颐而颧骨微隆的面型，轻薄叠褶的衣纹，华丽的披帛和璎珞，在展厅微暗的灯光下泛着温暖的气息，让人觉不出一点青石的清冷。每一尊佛像都在微笑，眉、眼、嘴角都月牙般弯曲。这些神秘笑容散发着人性的温暖，令佛的世界与人的距离陡然近了许多。当你的目光与之所接触时，自己也不由得微笑起来，而那笑干净如孩童，自心底荡漾上来。

佛像皆身躯颀长，"曹衣出水"般的衣纹下起伏的身体线条写实而准确，有的衣纹突然隐没在脚踝处，极高明地表现出薄如蝉翼的轻纱质感。当年在卢浮宫和凡尔赛宫看雕塑，那些用汉白玉雕刻出来的肌肤质感看上去似有温度，已很令我震撼，青州古佛的神来之笔更令人忘言。从北魏永安二年（529年）至北宋天圣四年（1026年），前后五百余年的时间里，是谁让这些青州大山里的青石一点点变成慈悲与美的绝唱？从第一尊佛像的现世到现在又是穿越了多少时空，这一抹笑容在冥冥中接引了多少红尘？

流连，一直看到展览馆闭馆。我想，这次的梦可以陪我许久了。

第二品

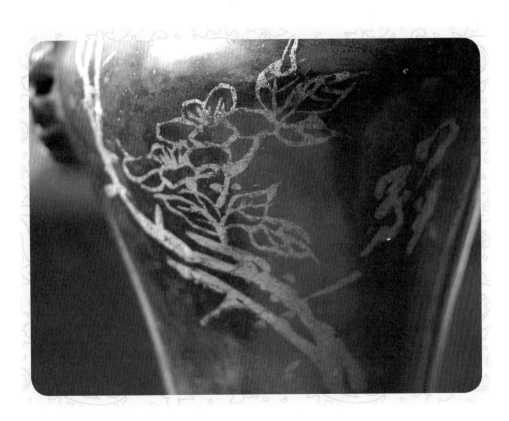

林泉之志，烟霞之侣，梦寐在焉，耳目断绝，今得妙手郁然出之，不下堂筵，坐穷泉壑，猿声鸟啼，依约在耳，山光水色，混漾夺目，此岂不快人意，实获我心哉！

第三辑 妙样

迎新语：泥炉起青烟，可若烟霞，陶壶暗纳香，碧羽供春：「一水间」虽小尔，幸可见白云碧空，清风梳竹，水色天光尽在一盏中，静坐即深心。

宝古之器

黄昏的时候，关上窗。握一盏古树红茶，静静看着山茶的淡淡蜜红在西斜的光影中浓稠起来。

小的时候，家住在昆明五华山下的民生街玉生巷 7 号，一个被一座山墙分隔开的四合小院。石板路，瓦屋顶，屋檐边总是长着厚厚的青苔和开紫色小花的鸭趾草。华北小学就在巷子口对面，一街之隔。但祖母和父母还是不放心，一、二年级的时候总是让隔壁的女孩每天带着我去上课。她和我同班，却长我两岁，个

头也比我高。偶尔放学一个人回家，这条一百来米的小巷就变成了我可以自由散漫的快乐小路。我可以一路采着墙角下和石板缝里的小花小草，走走停停，好不逍遥。不过，鸭趾草是够不着的，屋顶太高，我还太小。

　　祖母有插花、养花的习惯，采回去的野花就塞进她的花瓶里。记得那时的花品种并不多，城里专门卖花的店铺几乎没有，倒是卖菜的山民会顺便采几枝应季的花带来城中贩卖。冬日还好，街头经常能见到山里人背了一小束一小束的山茶叫卖，有的山农还会在山茶旁边扎一枝苍翠的柏枝，这束花也就显得有一点特别，往往被最先挑走。祖母是极爱花的，见到总要带一束回家。山茶无香，花开时也是佛手柑和香橼成熟的时节。祖母将澄黄的果实装在瓷盘里，放在花下，儿时的冬天便是这样恍惚于果香和花影里。家里有两只老花瓶，一只是民国年间建水紫陶的双耳梅瓶，一只是雕了梅花喜鹊的老陶瓶。年代久了，两只瓶都有些小小的磕碰，瓶身却透着古润的光泽。山茶清供插在这两只瓶里花期似乎要长一些，后来看袁宏道说的才知原来老花瓶确实有妙处，瓶之宝古，原来宜花。他说："尝闻古铜器入土年久，受土气深，用以养花，花色鲜明如枝头，开速而谢迟，就瓶结实。陶器亦然。故知瓶之宝古者，非独以玩。"

　　这两只瓶都是祖母用了好多年的。祖父年轻时行武，祖母跟随他辗转了不少地方，建水陶的梅瓶就是在辗转中偶得的。一天，他们去山中寺庙上香，祖父骑马，祖母乘轿。在寺中上了香，祖父随老方丈去禅房里喝茶叙旧，祖母带了女佣到后山游逛。想必那时也是冬天，后山上一树树腊梅开得正好，半透明的花瓣色如凝蜡，香气清幽，祖母忍不住摘了几枝。回到寺中，老方丈见了欣然说好，转身从禅房里拿出一只梅瓶相赠，说正好配了这梅枝。

后来，我们长大，家也搬到了金碧路的外贸大院。住了几年后祖母搬回玉生巷7号的老屋，把两只花瓶留给了我和妹妹。她自己还是照常买花，用一只带柄

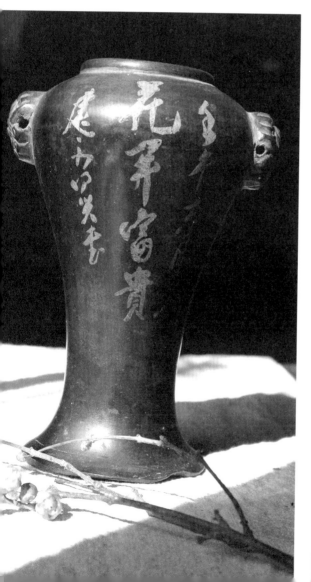

的白搪瓷口缸清供着腊梅、山茶或者忍冬，旁边是她装胃药的药瓶子。祖母走的那天，阳光很旺，却没有温度。从没有经历过这样的生死离别，我头昏昏的，反应不过来。直到走近看见空空的屋里，她桌上的花依旧开放，药瓶子里还有未吃完的药片，那一刻，悲从心来。

人世间，生离恐怕是最痛。故去的人，有忘川之水可饮；活着的人，却要在未来之岁月里承受一遍遍的回忆剥开伤口之痛。

现在想想，我们成长的过程里那些美好的片断、那些最家常的画面之所以心心念念，皆是因为挥不掉的记忆和情感，会一直在以后的岁月里被复制，世代相传。

因为那只紫陶梅瓶的缘故，我对紫陶多了关注，随手也做过些物件。一向插花无定式，是不想让天地间恣意的花枝忽然被赋予同样的表情。姿态有法度，精神却自由，茶席间的花亦如是。插花器物却是需要考究。秋末时画了几个器形，请师傅手拉了陶泥坯子自己修饰，烧制出来有一只正好称心，这一冬便用它来清供梅枝和山茶。我希望我的孩子的孩子的孩子，在若干年后，也会有一只宝古的花瓶，光泽温润，朴素谨厚，宛如谦谦家风。

山野里的山茶，瓶中的山茶，原来一直都在。

韩国的松

首尔街头随处可见的古松，让一座现代干净的城市在瞬间昭示出骄傲古老的生命神采。松的形态和品种极好，往往不经意就长成《听琴图》里的姿态，盘曲夭乔，

肤皱枝拗，树身上鳞片层叠苍古。那些极现代的大厦前，或是星巴克的门旁，竟然就是一棵至少生长了几百年的树木，且都是一副气定神闲的苍古模样，自顾"皮粗如龙麟，叶细如马鬃"。

后来游李朝的景福宫，门匾楹联都是汉字书写，陌生的地方也觉得有些亲切。曾经幽禁过仁穆大妃的"昔御堂"后有一个山坡种满松树，姿态抑扬有致，松皮赤红，摸上去却不是很坚硬。松针颇密，青翠簇簇，映衬着没有上漆，保持原木本色的"昔御堂"，有着道不出的美致。遥想当年被幽禁的仁穆大妃从细木格窗望出去，满眼忧伤，一定是这漫坡的松郁沉又坚韧的陪伴，让多难的王妃有了活下去的勇气。

后来专门拍了图片向苏州天枰山的李老师请教，才知道这松叫做"千头松"。千头枝，原来却是万般思。以前一直以为中国人是松的知己，王安石《字说》云："松为百木之长，犹公也。故字从公"；"柏犹伯也，故字从白"。黄山画派的梅清画里总是让高士安坐在如云盘踞的松树顶上。而苏东坡对松尤为深情。《东坡杂记》

曾云："少年颇知种松，手植数万株，皆中梁柱矣。"而中年后一阕《江城子·记梦》里的松每次读到都会令人心痛唏嘘："小轩窗，正梳妆。相顾无言，惟有泪千行。料得年年肠断处，明月夜，短松冈。"这一岗的松想必在暗夜里清寒不语，却蓄满无常。

东方民族毕竟同根同源。春日霭霭，白色的梅花在有围院的人家墙头安静盛放，蜡黄的山茱萸远看像是一树腊梅。首尔国际佛教博览会开幕当日，带学生演示了"兰若莲华·普洱九道茶"，稻谷工作室展演了"茶韵禅心·禅茶一如"。"兰若莲华·普洱九道茶"源于"昆明九道茶"。云南百姓自古多信奉佛教，昆明、大理古寺云集有妙香国土之称。各地寺院都有种植茶树、采茶制茶的习惯，以茶待客也是古代云南寺院和书香门第的待客之礼。父亲王树文于1980年代整理创作了"昆明九道茶"，来表现云南书香门第奉茶待客的画面。此次也是首次在韩国展演交流。

山野清寂，紫雾初开。

晓星疏朗，晨钟远闻。

佛颜含笑，莲缀甘露。

东方既白，草木有情。

竹间荷畔，兰若深处。

茶汤如饴，圆融自在。

在一曲《寒山僧踪》里，古寺松影在晨曦中清晰起来，佛塔上众佛的身影护
佑着一日将始黎明里的众生。天光渐明，书香门第的院落里，新荷初放，窗明几
净。敲门声起，嘉客来访，主人冲瀹一壶陈年普洱熟茶待客。茶汤里隐有兰荷之香。
草木郁绿深处，主人与客人都忘言，沉浸在无我忘他的自在光阴里，一盏饮尽才
相视莞尔。

　　茶事尽了，夜色阑珊。曾在赵州柏林禅寺有一面之缘的白门先生，带我们去
他的友人孙旭东先生的"香山斋"处吃茶闻香。巷子中独立的小楼独户，主人冲
泡的是台湾冻顶乌龙和普洱。吃过茶我们登上三层阁楼。密闭的小屋里一樽韩式
陶香炉香云袅袅，白门先生即兴抚箫，箫声曲折幽致，香云随音而舞。直至夜阑人静，
辞别主人。小巷中的梅树与松树隐约已入梦。这里的松是安宁平和的。

　　从首尔至釜山，拜访通度寺、清凉寺。在清凉寺与釜山茶人联合会做茶道交流，
再次与四位学生一起展演了"兰若莲华·普洱九道茶"。尔后承蒙真梵师父之缘
又与学生 MAY、沈辉一起再回通度寺并小住了几日。鹫栖山南部通度寺的金刚戒

坛里供奉着释迦牟尼的真身舍利和袈裟,因而庄严肃穆的大雄殿内没有再供奉佛像。远远望去,金刚戒坛后是莽莽松林,每株树身都俯身朝向舍利塔。

我们住的小屋门对面是一面山坡,有棵松在树木中特别突出。坐在屋中吃茶,看着一天中光线变化晕染着树身的光影,明亮阴翳交替,松针在幽暗的背景下发亮,总是看得呆住,忘了身在何时何处。想起通度寺禅房里住持手书的一幅对联:老

屋三间可避风雨,空山一人独注离骚。书风古劲茂密,隶味里竟有松枝之错落古劲。

寺院里的游客很少,清净安宁。师父们都喜茶,台湾冻顶乌龙、云南普洱生茶和熟茶都是他们日常爱喝的。道眼师父不谙汉语,却知道我们爱茶,把他的茶盘、杯盏、紫砂壶和两罐子老乌龙茶都抬来给我们用。寺里的金行师父到过中国学习中医,会说汉语,真梵师父不在的时候,他就是我们的翻译。暮色渐起,寺

庙里梵钟楼响起木鱼声，一僧面山而立，一僧在对面的迦蓝殿中颂经。木鱼声停，梵钟楼上的僧人举起鼓锤，击响大鼓。鼓声有力而威严，一行僧人从大殿鱼贯而出，穿过古老的庭院，在梵钟楼下合十举目。鼓声愈加沉实，如远雷滚滚，一声声都重重落在山谷里，落在心里。一袭鼓声将缓，另一位僧人又续上，或缓或密，青灰的袈裟广袖上下翻飞，鼓声似警似唤。梵钟楼下的僧人依旧鱼贯而行，缓步归向大殿准备晚课，那在古寺间与暮色中渐渐远行的身影里有说不出的庄严。鼓声将歇，宏亮的钟声响彻天地与旷野，才觉天色暗淡，我们遂在这钟声里走去大殿晚课。

临别的早上，六点早餐，六点半就开始设席吃茶。一辈子没有这么早吃茶。鹫栖山脉在春日晨晖里分外清逸。山中春晚，草木还没有葳蕤起来，更觉得门对面的那棵松清朗如洗。今日特别请道眼师父掌壶。道眼师父用平日用的紫砂壶开泡陈年冻顶乌龙，注水的时候，将壶盖半开半合，水线就从半开的壶口注进去，老乌龙的茶汤温暖而醒神，全身的毛孔都敞开来接纳温暖的朝阳。

　　吃茶毕，意外知道可以去拜偈金刚戒坛中的舍利塔甚是令我们欢喜。走进金刚戒坛正是朝阳遍布的时辰，舍利塔后漫山的松神奇地俯身朝向舍利塔，似在朝拜佛陀，又似护佑着千古的芸芸众生。这些松似已忘却人间的小我小爱，不舍朝暮春秋，入定在乾坤里。

　　通度寺的最后一瞥，松涛蓊郁。

第三品

第三品 遠觀

山水大物如須遠而觀之方見得一障山川之形勢氣象

宜新語 茶事細微一杯一壺亦還須從茶子砥服中來微遠審察却也是見山川氣象

丙申秋 涯田書

迎新语：茶事细微，一杯一壶不过须弥芥子，跳脱开来，往远处看，却也是有山川气象。

烧尽山泉竹未枯

事茶，可谓器不厌精，究竟其间，方得茶之况味，亦得弄茶之趣。事茶日久，在"一水间"蓄炉十来只、炭品五六种。安吉竹炉、潮州红泥炉、风炉仔、南丰白泥炉、丽江铜炉、香格里拉黑陶炉、临沧铁炉、柴烧泥炉、日本火钵、柴窑烧陶炉……每一种都有不同的性格，适宜饮不同的茶之用，择日一一道来。

"松下煎茶试竹炉，涛声隐隐起风湖。老僧妙思禅机外，烧尽山泉竹未枯。"清夏微雨后，竹炉内炭红如炽，偶有橄榄炭在火中绽开之声。银壶水沸时，炉壁

尚一片清凉，此竹炉为仿故宫竹炉造型，以安吉竹材编制，编好后抹上大漆，内置泥炉胎，泥炉与竹外箱之间有防火隔热物填充，故整体较重，适合在室内用。故安置在"一水间"茶案边使用，以银壶、柴窑陶壶煎水都很好用。

昔日的竹炉颇有些故事。据《无锡金匮县志》记载，"明代惠山寺僧人普珍在惠山山麓植松种茶"，所得之茶条索卷曲，肥壮翠绿，白毫披覆。冲瀹后香高味浓，汤色晶莹隐翠，滋味鲜醇，特别是以二泉水冲泡，更得茶真味。"无锡茶，二泉水"一时远近闻名。普珍是一位嗜茶兼爱诗的僧人，洪武二十八年也就是距今六百一十八年前，他偶作巧思请湖州的竹工编制了一个烹泉煮茶的竹炉，炉里面填了土隔热，炉心装上铜栅栏，普珍和尚以此竹炉煮二泉水泡茶，款待时常来二泉游赏的文人知交。中国的文人素来有爱竹的情结，平日里见多了红泥小炉煎水煮茶，忽然在惠山寺里看到这清雅之物不由得暗合心曲、文思荡漾。吃茶之余纷纷为竹炉题诗作画吟咏不已，一时竟成了一段文坛雅事。普珍和尚还延请画家王绂临摹下竹炉图，学士王达作文，诸位诗者题诗，装帧成一帧《竹炉茶图卷》，这段佳话也被记录在了《无锡金匮县志》里："惠山亭上老僧伽，斫竹编炉意自嘉。"

后来，竹炉不知去向。直到明成化年丙申冬月，词人秦观的后裔秦夔复得之于无锡城杨氏家中。秦夔为此作了《听松庵茶炉记》，内云："炉以竹为之，崇俭素也，于山房为宜。合炉之具其数有六：为瓶之似弥明石鼎者一，为茗碗者四，为陶碗者四，皆陶器也；方而为茶格一，截斑竹为之，乃洪武间惠山寺听松庵真公旧物。"

从此段文字中可见，当时的竹炉乃以斑竹制成。斑竹是竹中的清士雅物，上好的斑竹自古因稀少而价格不菲，可想见当年普珍和尚嗜茶之深，制炉之精。

后来，因乾隆皇帝与竹炉的一段茶缘，使得这小小竹炉又平添了许多传奇。清乾隆十五年 (1751) 二月，乾隆皇帝下江南时去惠山寺礼佛，在寺中看到了后人复制的竹炉，并亲见了竹炉煎水煮茶的清韵。风雅的乾隆虽然极喜这竹炉，可并未夺人所爱，而是当即命工匠仿制了两只竹炉带回宫中使用。据说在这仿制的竹炉底板上还镌刻有乾隆的御诗及跋："竹炉匪爱鼎，良工率能造。胡独称惠山？诗禅遗古调……乾隆辛未春，过听松庵，见明僧性海所遗竹炉，命仿制并纪以诗。御题。"

乾隆帝仿制的竹茶炉现在还存在北京故宫里，偶然展出时还能看到。有方家测量过，此炉外方内圆，高12厘米，宽18厘米，四柱直径各1.5厘米。炉心为陶土，内径7厘米，上罩铜质垫圈，炉口长方形，宽3厘米，长4厘米，护了一圈铜套。而惠山寺竹炉山房的竹炉再度消失，江湖上再无下文。

昔日竹炉煎煮的惠山泉是用来冲瀹"无锡茶"，泉水贵轻贵活，橄榄炭无杂木俗气并略带榄香，即沸稍微降温后冲瀹细嫩的无锡毫茶，茶汤该是甘醇有加。今人制作的竹炉亦有几种款式，使用起来各有利弊，需竹、泥、铜等元素一一妥帖配合，才实用与美观皆具。

平日以明子引火，龙眼木炭垫底，青钢木炭作为主燃之炭品，一炉炭可煎水2-3壶，三沸之水冲瀹有些年头的普洱生茶、熟茶，茶汤饱满，尽发茶香。若吃岩茶、老乌龙时则以橄榄炭铺上层，发火迅急，所煎之水冲瀹岩茶、老乌龙，滋味大好，汤感层次丰富有加。竹炉取柔韧易燃之竹材将野性之火包裹其间，构思之妙内含玄理。其内热外凉，文气其外，霸气内藏，可谓刚柔相济。时近小暑是昆明最热的几天，以此煎水，丝毫不觉茶境炎热，余以为堪为夏饮之用炉！

红泥炉与穿心铫

"绿蚁新焙酒，红泥小火炉。晚来天欲雪，能饮一杯无？"很早之前就喜欢这首诗，特别是在寒冷的冬夜，那"红泥小火炉"带来的温暖亦可在想象里如一袭柔软厚实的秋香红大氅。待手头有了这小巧而朴质的红泥炉，煎水煮茶的时候多过了温酒把盏。

稍有闲暇，取几根潮州油薪竹或者是"明子"引火，龙眼木炭敲成小块松松地放上去。待明火过后，木炭便有几分微红，此间执扇，扇得炭红火旺。趁机把橄榄炭铺上一层，再扇，只听炉中细碎的噼啪声响，火星从炉口窜出，上窜下行，煞是好看！不过这火星子并不会烫人，未几落下，就灰成冷冷的一点微沫。这时，火势正是兴旺，砂铫水沸把那橄榄炭的香也融进去了几分。

秋末，又寻得今人

以手工拉制的潮州穿心砂铫，侧把、壶底旋起而中空一条椎管，从里看此隆起的椎管，竟像是隐伏的一条龙舌，结构有几分像云南建水陶里的汽锅。煎水之器的穿心砂铫，有构思奇妙的烟道内引，为的是令火气通透，铫里之水迅速涨沸。

是日，便在"一水间"以干燥之油薪竹点火，引燃龙眼木炭。蒲扇频摇，令青烟散去，火苗腾起，龙眼木炭表皮渐红，逐渐深透炭心。红泥炉上坐了穿心铫，可见青烟自腹壁的圆孔袅袅飘出。薄烟舔过，褐红的砂铫渐有烟火气息，也见了几分油润。自冷水入铫开始计时，至鱼眼翻滚，共用了十六分钟。次日，再试龙眼木上铺一层橄榄炭，火力加大，煎水时间亦缩短几分钟。这一段候汤的时间，并不算长。

明代许次纾的《茶疏》有记"煮水器：金乃水母，锡备柔刚，味不咸涩，作铫最良。铫必穿其心，令透火气，沸速则鲜嫩风逸，沸迟则老熟昏钝，兼有汤气……"这里"穿其心"的铫指的就是穿心铫。不过，明代茶器里可"穿心"者，不只砂铫，还有紫砂器甚至白铜所制。

2005年，徐立先生曾在宜兴的川埠潜洛乡旧窑址购得一件紫砂残器。经过仔细研究后他详细记录："该紫砂器胎壁只有 2 毫米厚，柄制成提梁，腹部下段造型呈锥形，底部挑起并加设一锥管，通至壶体侧表面。其独特的造型，在以往所知的紫砂器中非常罕见，也令许多紫砂专家迷惑。考证中，笔者翻遍目前所有的陶瓷全集也一无所获，倒是在日本朋友所赠的发行于日本天保二年（1813 年）的《茶说图谱》中找到类似于该器的腹中有一锥管的茶壶的简图。"《茶说图谱》里说："江芸阁云，铫，又名穿心吊，《茶疏》所谓必穿其心，令透火气者也。"这篇文章在《江苏陶艺》上刊发过，还配了文中所提及的紫砂壶图片，其中一帧底部特写，与潮州穿心砂铫如出一辙。

　　第一壶水为开壶，我恐其有烟火气息，故倾而不用。再添炭煎开一壶，稍凉后试饮，水性甜而鲜活，但还微微有火味。此煎因同时拍摄照片，水沸之泡大过鱼眼，水中火味或者就是许次纾所指的"汤气"。三煎水，小沸过后，观水珠串起摇曳之际，即起铫试水，已无他味，可瀹茶也。

作为烹水之器的铫，古人释为"吊子，一种有柄、有流的小烹器"。初多为铜、锡、银制，自陕西富平出土西汉时期的一只铜铫，身壁就明明白白铭有"华阴铜五升铫重八两"。

传说苏东坡曾仿制金属铫的形制，创出了有流、有提梁的壶用来煎水，于山水间乐此清趣，并在"试院煎茶"里写下"且学公家作茗饮，砖炉石铫行相随"的诗句。后来，提梁壶逐渐转为沏泡专用，而可煎煮的"铫"采用潮州砂泥所制。

清末震钧《茶说》言："铫以薄为贵，所以速其沸也，石铫必不能薄。今人用铜铫，腥涩难耐。盖铫以洁为主，所以全其味也。铜铫必不能洁，瓷铫又不禁火，而砂铫尚焉。"自此，砂铫煮水以"速其沸"、水鲜活而为伺茶佳器。遍查不到穿心砂铫为何人所创，然其构思之精巧，疏烟旺火之特殊功能，却能免除吃茶人的期盼之苦。"止为茶莽据，吹嘘对鼎立。脂腻漫白袖，烟熏染阿锡。"左家娇娇女带着娇憨的辛劳，也可缓解一二。这番体贴心意，也应当是出自一位喜茶、吃茶之制陶人。

是时，红泥炉中火炽如霞，穿心铫中松涛远闻，揭盖可见蟹眼珠串，可不是"贵从活火发新泉"？案头早已备好茶，我且瀹去。

一炉山水傍茶行

临沧的路一向因山高弯多而曲折难行。几年前去冰岛古茶山，从临翔区出发，中途还是住在双江县城休整。大概是因为这几年茶叶的兴旺，冰岛、昔归茶名声日渐远扬，来探茶的人多了，双江县城里的宾馆、客栈也新开了好多家。

中午吃过饭，便邀约同去的朋友去菜市场闲逛。经常下乡，每到一处总是喜欢去当地的菜市场看看。其实那是一个很接地气的地方，大理的烤茶罐，丽江的铜炉、铜勺、铜壶都是安身在熙熙攘攘的菜市里。在青菜萝卜、松茸乳扇间，这些古拙朴实的手工物件，往往让我惊喜。有的东西淘回来，就可以在茶事间用上。双江的这个菜市以前就来过，有专门竹篾编制的篮子和缅甸老藤编的椅子，还有土窑、草木灰釉烧的水罐酒罐腌菜坛子。口子大些的，拿来存茶也是极好的。

走了几圈，瓶瓶罐罐们依旧是几年前来的模样。山里人传统，几百年的的日用物件纹丝不变，依旧保存着最原始的形制。第一次来的朋友惊喜地淘了不少，

我却两手空空——该淘的早已在"一水间"落脚了。走到一家卖铁锅、铁勺子的小店，却看见地上有两只小铁炉子。

小铁炉子并不精致，仔细看竟还是生铁一体浇铸，三足、阔肩、收腹，让我心动的是有一个提梁。这个实用！平日上山煮茶带的是泥炉，得小心伺候，一路别磕着碰着。煮茶久了，炉身未免滚烫，撤了火也要二十来分钟才能凉下来带走。这小铁炉身量不大，刚好可以坐铁壶，不怕路途颠簸磕碰，还随时可以提着走，当是户外吃茶的便当之物。当下叫了小铺子的老板问价，没想到开价不过20元。这下连还价都省了，提了两只。铁炉子跟着我颠簸去了冰岛，又返回临沧搭飞机回到昆明，果然毫发无损。

回来试着起炭，真是好用。接着便提着去宜良三角洞露营吃茶。此洞为喀斯特地貌的溶洞，中有暗河流出，生火处地面潮湿，铁炉因为有三足支撑炉膛，一点不受湿气影响，炭火只管炽热，又是未料到的一个好处。煮茶极快，火温吞了些，还可温锅水用来温酒。

炉具最早为陶土所制。后来青铜器时期的鼎是炉的雏形，春秋战国的后期铁器才逐渐出现，依旧用失蜡法制作。远在唐代国人吃茶用的就是铸铁风炉。陆羽在《茶经》中说道："风炉，以铜铁铸之，如古鼎形。"又说："其炉，或锻铁为之，或运泥为之。"陆羽还在《茶经》之"器篇"中描述了一只风华万千的风炉：风炉以铜铁铸之，如古鼎形，厚三分，缘阔九分，令六分虚中，致其圬墁，凡三足。古文书二十一字，一足云："坎上巽下离于中。"一足云："体均五行去百疾。"一足云："圣唐灭胡明年铸。"其三足之间设三窗，底一窗，以为通飙漏烬之所，上并古文书六字：一窗之上书"伊公"二字；一窗之上书"羹陆"二字；一窗之上书"氏茶"二字。所谓"伊公羹陆氏茶"也。置墆臬于其内，设三格。其一格有翟焉。翟者，火禽也，画一卦曰离。其一格有彪焉。彪者，风兽也，画一卦曰巽。其一格有鱼焉。鱼者，水虫也，画一卦曰坎。巽主风，离主火，坎主水。风能兴火，火能熟水，故备其三卦焉。其饰以连葩、垂蔓、曲水、方文之类。其炉或锻铁为之，或运泥为之，其灰承作三足，铁柈台之。

从文字里，我们遥想这一只寓意深刻、文风盎然的风炉，怀想起那个时代的茶事该是如何般般讲究、风雅无限。可惜今时今日见到的铸铁茶炉很少，偶有也是日本旧物。在古玩市场见过巴掌大小、有菊花纹样的铸铁炉，也多半是清末温酒的家什。

　　日本铁炉、铜炉亦是因为茶事而兴。日本的铁瓶依古法而制。《日本铁壶全集》书曾记录："当时最早用腊形铸造法来制造铁瓶的是京都的初代龙文堂主安之助。"日本的工匠不仅以此法制铸铁壶，也制出了与之相配的风炉、地炉。有些流传下来的风炉如鬼面风炉，有着中国古式风炉的踪迹，却是寻不到《茶经》里陆氏风炉的稠丽气象。

　　回过头来说，这一只仅花20元买到的小铸铁炉，虽为民间之物，却朴拙实用。事茶之人，于事于物本应自然天成，方为游心乘物。物件不在贵贱，善用之，一样可以煮出甘美之茶汤！

第四品

世之笃论，谓山水有可行者，有可望者，有可游者，有可居者。画凡至此，皆入妙品。但可行、可望不如可游、可居之为得。何者？观今山川，地占数百里，可游、可居之处，十无三四，而必取可游、可居之品。君子之所以渴慕林泉者，正谓此佳处故也。

第四則　可居

山水有可行者，有可望者，有可遊者，有可居者。畫凡至此，皆入妙品。但可行可望不如可居可遊之為得。何者？觀今山川，地占數百里，可遊可居之處，十無三四，而必取可居可遊之品。君子之所以渴慕林泉者，正謂此佳處故也。故畫者當以此意造，而鑒者又當以此意窮之，此之謂不失其本意。

觀音綠之弘慈圖　知素齋主　丁亥李文能庵
三寶弟子姚盧居士禮拜恭寫　丙午摭孤松卯辰姚

迎新语：择地而居，若择邻而群。世间有可同行者、有行而后分道者，有只可远观者。碌碌红尘知交者，十中无一。知交者必能痛言其短，独褒其所长。其人不易得，而常抚孤松而长眺。

嵩阳书院的慧苑水仙

阳光把嵩阳书院的大门染在一片金光里。远处是暮色山脉。北方的山在冬日里显得萧瑟寒荒，有着北派山水特有的硬朗冷峻。树木落了叶，在青灰的石壁上如同皴出的墨迹。

路上耽误了一会，正赶上书院最安寂美好的时间。汉武帝刘彻游嵩岳时被封为"大将军"、"二将军"的两棵老柏树，均十多米高，树围数人才能合抱，是

中国现存最古最大的柏树。赵朴初老人曾有"嵩阳有周柏，阅世三千岁"之句。

——看过"一览此图，即可囊括登封，卧游中岳"的《登封县图》碑、雕刻着九十四窟佛像的中岳嵩阳寺碑，心里的感动已是百转千回。

嵩阳书院与河南睢阳应天书院、湖南长沙岳麓书院、江西庐山白鹿洞书院并称"四大书院"。这里往来过诸多儒学大家，开坛讲学的有范仲淹、司马光、程颢、程颐、杨时、朱熹、李纲等二十四位贤士。司马光的巨著《资治通鉴》第九卷至二十一卷就是在嵩阳书院完成的。据载，书院在明末时毁于兵火。后经修缮增建，最鼎盛的时期学生达数百人，院藏书籍两千多册，得书院惠泽，登封历史上中举者众。缓步杏坛上、古柏下，怀想远古贤士风度，浩浩文风，令人神往不已。外俭内丰，气质雅正的书院，文章诗茶，在这样的地方必是相伴相行的。宋绍熙五年改建、扩建了岳麓书院的朱文公与茶的渊源深厚，曾向门生借茶喻求学之道："物之甘者，吃过而酸，苦者吃过即甘。茶本苦物，吃过即甘。问：'此理何如？'曰：'也

是一个道理，如始于忧勤，终于逸乐，理而后和。'盖理本天下至严，行之各得其分，则至和。"朱文公提倡的至和之理，今天想来也是茶汤的平衡之道。

此次在郑州清欢茶书院开课，在炎黄二帝像下、黄河边上举办了"郑风·溯古"结业雅集，"山有扶苏，茶烟起兮。山有乔松，子惠有约"。

课程结束，得华华、漫漫、月月陪伴，又得随缘、青林、玉梅邀约与我一起游登封，一路笑语茶话，才来到这里怀古思故，自然要坐下来吃一壶茶。书院里有口三十年代挖的"蒋公井"。漫漫找熟识的朋友要了一壶热水，泰安的随缘君随身带了陈孝文亲制的慧苑水仙、牛栏坑肉桂还有几款老生普。我们坐在古柏树下就用"蒋公井"水来冲瀹了一壶慧苑水仙。北方的水，南方的茶，风格原是迥异，虽水温略低，茶香未得尽数发扬，然茶汤入口依然余韵无尽，是斯文之地所感。

慢轮上转出的烤茶罐

像曾经梦过的那样，大山深处，双江勐库正午的傣家寨子，阳光安静得似要凝固。

走进寨子，一个不太宽敞的院坝里，晾晒着泥坯半干的土锅和烤茶罐、水罐。再往里，竹荫里啪啪的拍击声轻微而清晰。一位身上裹着筒裙，头上缠着包头的老米涛（老妇人）正脚踩慢轮，俯身将手中的泥片拍打成型；另一位老米涛正在把做好的泥坯搬去晾晒；还有一位一头白发的老米涛用木拍子有节奏地敲打着泥

坯。午后，太阳底下快要晒干的茶叶，散着温热的香气。站在寨子最古老的菩提树下浓密的阴影里倾听木拍子的回声，感觉这声音像滴落深涧的水滴，空旷里带着袅袅余音。

陶红色的泥团湿润而有粘性，在老米涛的手中团成圆片，那是烤茶罐的底部。另一个泥团被木椎碾成长方的泥片，蘸上清水与底部团团粘接起来，老米涛在膝上用木片敲打这泥片，直到敲成一个半圆的罐身。木片敲打过的地方，湿润的泥身便印下了痕迹，均匀地满布罐身。

老米涛的面部轮廓清晰，腰身虽然佝偻，但依旧看得出年轻时的窈窕身姿。那双手，极瘦，经脉凹凸，看不出年纪，却嶙峋着深刻的岁月痕迹。老米涛身旁放着备用的泥，拍打成饼状的泥团将成为陶器的底部。器身用泥条盘筑起来，慢慢用木制的泥拍拍出口沿的外展形状，然后用竹刀和粗布修整口沿，为了让泥坯更加密实，老米涛又用光滑的卵石从里面将陶坯通体拍打了一遍。最后，又用篮纹、方格纹的木拍在烤茶罐的肩、腹部反复地拍打，浅浅的花纹便印在了泥坯上，是一种极自然的装饰。在远离这座大山的成都金沙遗址上，商周时代的陶作坊掩

埋在黄土里，地表散落着几块陶泥片，还有一只环形垫圈。竹编的图案很像泥片上的纹饰，也算是取之于自然，传承千古的纹饰。

二十来分钟，一只纯手工的烤茶罐就做好了。泥坯被搬到空地上晾晒，完全干燥后才可以烧制。我问老米涛，做烤茶罐有多少年了。老米涛连比带划地告诉我，还没出嫁就学会手艺了，一直做到现在。以前的傣家女子嫁得早，十七八岁就做妈妈了。老人现在八十多岁，还没出嫁就在做，那至少也该有六十多年了。傣族的女子勤劳能干，不仅家务活基本靠她们操持，还要用自己的一技之长补贴家用。一个柔美的傣家女子，一辈子没有离开过寨子，一辈子在拍打一只只烤茶罐。

竹楼的火塘边，老波涛（老大爷）拈一撮茶放在烤茶罐里，两个手指扣住罐耳，让罐底在火苗上均匀受热。他轻轻抖动茶罐，茶在罐里跳跃舞蹈起来，焦香四散。沸水冲入，烤茶罐里轰然声响，随即涌起乳白的茶沫，一罐酽香霸道的烤茶即成。

我带回了几只烤茶罐分赠朋友，留下一只，在冬天的夜晚围炉。每次茶香从小小烤茶罐里升腾起来时，那个正午的傣家寨子就生动地呈现在面前。

第五品

凡一景之画，不以大小多少，必须注精以一之。不精则神不专，必神与俱成之。

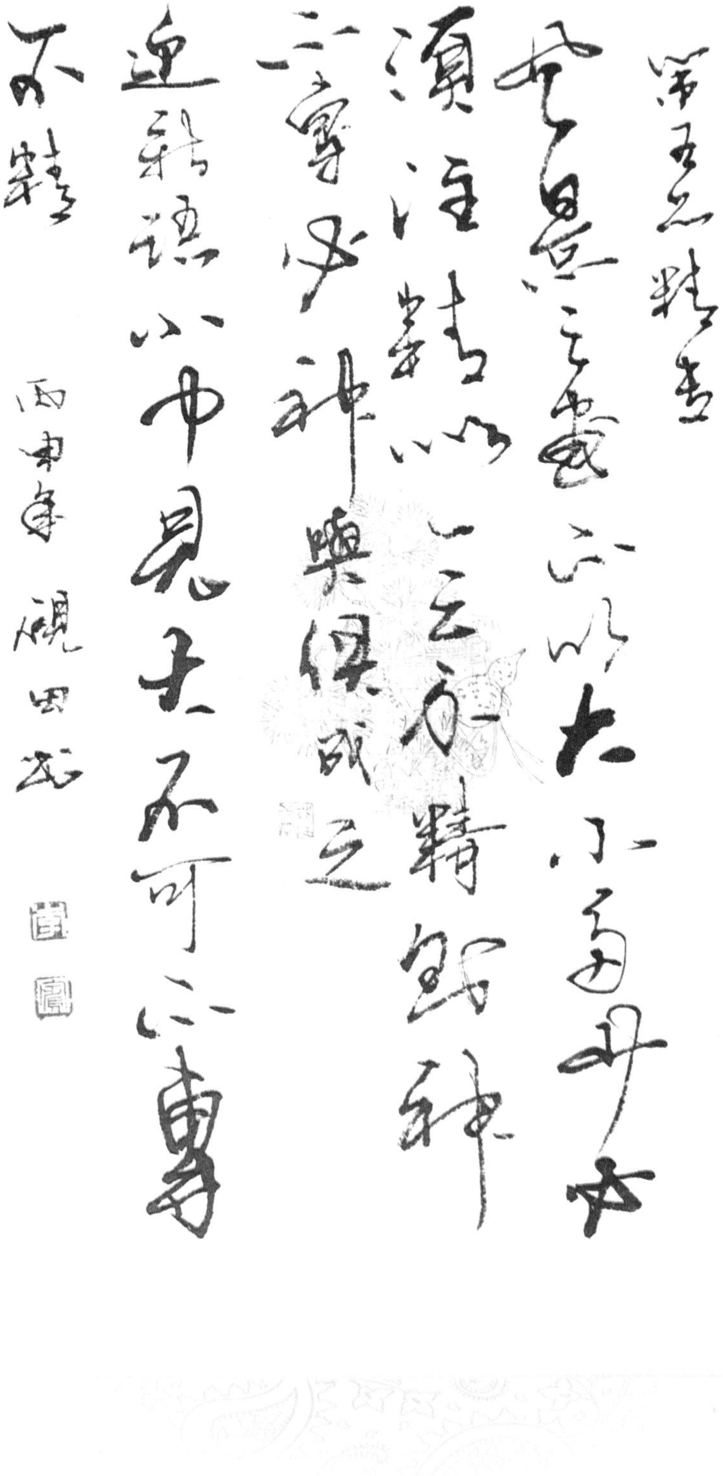

笔墨之精妙

全是运气六以大小高矮本

须注结以三方精神种

形神俱成之

逼肖诸小中见大不可不专

不辍

丙申年 砚田氏

富春茶社魁龙珠

十年前的小暑，外地已是四处流火，昆明却依然凉风习习，羡煞他人。三十多位茶友玩茶叶漂流，三月开始，轮到我这儿已是七月。扬州漂来的茶是魁龙珠。

魁龙珠，单单看这名字就很奇，查了资料才知道这是扬州的一种特殊配方的茶叶。它是用安徽的魁针、浙江的龙井和扬州的珠兰，按一定比例窨制而成的。它集龙井之味、珠兰之香、魁针之色为一盏，故而得此名。

回家开泡，干茶茶香浓郁。看得出三种茶不同的条索，有点好奇了：这三省之茶加上云南的水，汇于一杯之中是什么味道呢？

取珍茗山泉水，在玻璃公道中以下投法冲泡。先冲入五分之一的开水，轻摇玻璃公道杯，凑

到鼻尖细嗅，浓郁的栗香伴着炒青香在蒸腾的热气里上升，沁入心脾。细看茶色清澈，轻呷一口顿感甘甜四溢。含汤在口中细细分辩，茶汤层次丰富，龙井的甘润栗香、珠兰的馥香混合得绵滑清爽，再加上魁针的青翠鲜醇，既赏心亦悦目，还宠着口腹。叶底也很有意思，三种不同的叶型各自青绿柔韧。

龙井、魁针、珠兰三种都是绿茶，但香气与味之厚薄都有差异，别出心裁地将它们合在一起，便自成一格。创制魁龙珠的富春茶社成立于1885年，是扬州人陈蔼亭所创。初名"富春花局"，想必最初是以花草为主，兼营茶水茶叶。陈蔼亭去世后，其子陈步云将之更名为"藏春园茶社"，后又定名为"富春茶社"，

把茶做成了主业。这"一壶水煮三省茶"的魁龙珠乃是百年老茶社的当家好茶。每年阳春，茶社到安徽和浙江采收上品茶叶，加上自家种植的珠兰精心配制。都说好茶配好水。有人说用扬子江水来泡沏最能发其茶性。也有人说，魁龙珠茶最服的泉水就是南京灵谷寺的琵琶泉。没有对比，今天的珍茗山泉喝着也不错，琵琶泉的滋味且留在想象里吧。午后不敢清饮，配了香芋馅的麻糬，软糯之间更显茶汤的清冽出尘。

"天下三分明月夜，二分无赖是扬州。"想那烟花三月，得胜桥的富春茶社自是热闹地方。才子佳人、寻常百姓在店里出出进进，不过也不是清饮。那富春茶社出名的还有三丁、五丁包子，倚在窗前，看着楼下活色生香的市井小巷，咬一口美味的蟹黄包、雪菜包、翡翠烧卖，呷一口魁龙珠，才越发显出茶的清香。人间茶饮不过如是。

又绘清蒲入茶瓯

植蒲经年，其间种种乐趣，似只可自娱。滇中气候干燥，是植蒲大难。菖蒲生于江南湿润的溪边山凹，移到昆明，单为增湿一事都费尽思量。近年，幸得名师指点，才掌握了一二要领，"一水间"的茶案上终究有了一丛养眼幽绿。今年春天，竟有小蒲见花，清香高逸，于是叩念金冬心的诗句："五年十年种法夸，白石清泉自一家。莫讶菖蒲花罕见，不是知己不开花。"暗自喜悦了很久。

古人向来把菖蒲视为文人案头清供。明人王象晋著《群芳谱》说："乃若石菖蒲之为物，不假日色，不资寸土，不计春秋，愈久则愈密，愈瘠则愈细，可以适情，可以养性，书斋左右一有此君，便觉清趣潇洒。"又有莳养秘诀："春迟出，夏不惜，秋水深，冬藏密。"又云："添水不换水：添水使其润泽，换水伤其元气。见天不见日：见天挹雨露，见日恐粗黄。宜剪不宜分：频剪则短细，频分则粗稀。浸根不浸叶：浸根则滋生，浸叶则溃烂。"栽养之道，莫如与一位高致独立、性情散淡从容的文士相交，菖蒲秉性，似有君子之风。

立夏前游景德镇，携蒲一盆赠素爱蒲草的钟老师。午后至郑旭兄的颜玉窑吃茶，恰逢香港张北如先生也到了景德镇，正好一起闻香吃茶赏宝，话当日游云南建水的见闻。北如先生携留青、匏器、竹雕拓片多种共赏，还带来了当日在昆明相托的一块绿玛瑙。这绿玛瑙杏核大小，遍体绿幽，是砚田在奇石市场所得。北如先生将玛瑙去皮巧雕为一只剔透的小蜜桃，细柄柔蔓，尖梢处一柄满绿的如意，巧妙之极。把玩多时，掌心一直滑润清凉，回昆后可添璎珞小藏了。

茶过数巡，郑旭兄已嘱人备好几套素烧过的瓷盏。余调墨试笔，学绘菖蒲清供图，配太湖石、英石、玲珑石、风砺石几种，有的是家藏模样，有的是《云林石谱》里背熟的轮廓。盖碗上书："此物一来俱扫迹。"为陆游诗中所摘："雁山菖蒲昆山石，陈叟持来慰幽寂。寸根蹙密九节瘦，一拳突兀千金直。清泉碧缶相发挥，高僧野人动颜色。盆山苍然日在眼，此物一来俱扫迹。根蟠叶茂看愈好，向来恨不相从早。所嗟我亦饱风霜，养气无功日衰槁。"再绘一组冶游的士人，或持扇，或负手，施施然行走，又有童子持瓶、荷担相随。挑的何物？当然是吃茶的家什了。

在素烧过的瓷面上，用笔比釉中要顺滑得多：画错了，还可以擦掉重来。颜玉窑因"瓷胎类蟾宫之冰肌玉骨故得其名"。瓷泥之主料矜贵，为存世不多的抚州滑石子。窑主郑旭、饶志阳二人，皆得世家真传，一善配泥烧制，一善利坯，珠联璧和，成颜玉美器。二兄又好茶喜文，每每相逢，瓷茶间畅言快意。

次日，复至颜玉窑。蒲盏烧成，余温犹在，瓷色莹莹，墨蒲森然。揽入怀中，又是一宝。待归后，可对蒲成席了。

第六品

　　落笔之日，必明窗净几，焚香左右，精笔妙墨，盥手涤砚，如见大宾，必神闲意定，然后为之，岂非所谓不敢以轻心挑之者乎！

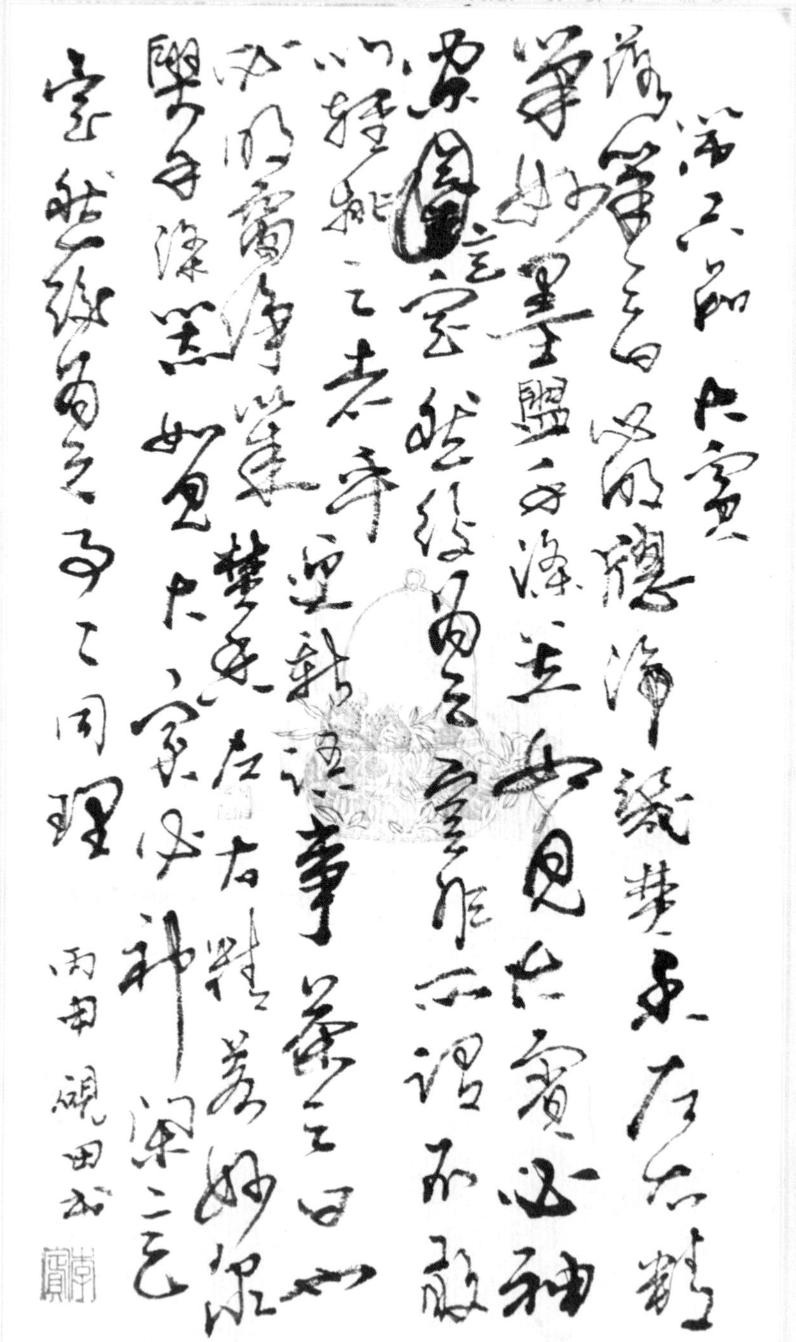

筆法墨色各有態淺深枯濕左右相稱
掌心墨盤四�生如見太實必神
架圓室然後用筆畫作不謂不敬
心經能之去字空中運動事筆之曰以
堅身深空如見左右相稱當如深之
室然後當書曰子孔同理

丙申 硯田 書

迎新语：事茶之日，也必明窗净几，焚香左右，精茗妙泉，盥手涤器，如见大宾，必神闲意定，然后为之。事事同理！

传香·寻源宝洪古寺

一夜秋雨过后，天空碧蓝，阳光温暖得有些炽热。宝洪寺金黄色的残墙上披散着白色的野花，大殿遗址上留存的石阶、石础和半尊石佛像，经历了太久的沉寂，似也在秋阳下温暖起来。

宝洪茶在玄黑的铁锅中、在炒茶师的手掌中翻飞，茶香四散；一旁的炉灶上大壶正煎煮着山泉，添一截油松柴，霎时松烟也飘散出来，伴着茶香，在古寺的

上空缭绕。千年宝洪古寺、宝洪古茶
在岁月之流沙里曾有过多少的过往！
而今时今日的茶人在古寺即将重建的
这一个时间点上停顿，用此山之水、
此山之茶，为宝洪茶源起之寺的过往
和未来瀹一盏无我茶汤。

　　茶人们围坐成圈，各人在自己的
简茶席上全心瀹茶，然后把茶汤奉献
给身旁的茶侣。无有尊卑、富贵清贫
之分，人人瀹茶，人人吃茶。

　　2007年春末，我第一次登上宜良
宝洪山。当时宜良县举办宝洪茶论坛，
聆听了诸位茶叶专家学者们的论述后
又跟随他们登上了宝洪山。宜良距离
昆明并不遥远，但前些年对宝洪山知
之甚少，因为宝洪茶的缘故，才得以
来到这座有些荒凉的山以及有些荒凉
的古寺遗址。古寺只遗下大殿上残留
的青石板与半壁山墙，荒草丛生。寺
庙外不远处有一棵六七百年树龄的小
叶种古茶树，据传是宝洪寺的开山和
尚从福建远道携茶种而来所植的，也
就是最早的宝洪茶茶树。当年，宝洪
茶曾是昆明历史上三大名茶之一，这
样的茶树应该不少。

如今宝洪山的山坡上也种植着连片的矮化茶树，宜良坝子充足的阳光、赤红的土壤让小叶种的宝洪茶香气高锐，滋味饱满。今年春天，宝洪茶开采的时候，应苏天水先生之邀与杨凯、尚高德一起来采春茶，在山间汲泉煮茶之余得知宝洪寺即将重建，即询问可否重建前在此做一次茶会，得到苏先生的支持。9月，高德告知，重建就要开工，遂定下茶会日期。因古寺遗址土墙半残，地面仅仅大殿遗址处石板尚存，若似往常设席不免局促，遂起席地做无我茶会的念头。与"无上清凉云茶会"的茶人商议后定下9月28日做一次无我茶会——"传香·源 宝洪寺无我茶会"。

"无上清凉云茶会"虽举办过六次茶会，但举办无我茶会还是第一次。茶会筹备之初便仔细学习了无我茶会的具体细则。海琼、志琼、李静、枝红、木白和我还专门对奉茶的顺序做了演练，亦拟写了详细的活动流程发给参与的茶人。

台湾蔡荣章先生于1990年提倡的无我茶会，参加者人人自备茶具、茶叶围成一圈泡茶。如规定每人泡茶四杯，那就把三杯奉给左边三位茶侣，自己也将喝到右边三位茶侣泡的茶汤。无我茶会提倡七种精神：无尊卑之分；无报偿之心；无好恶之心；无流派与地域之分；求精进之心；遵守公共约定；培养群体默契。这样一场无我利他的茶汤之约在古寺、古茶之地举办亦是意义深远。

茶会前日下午，尚高德和陈明辉便将炒茶的铁锅从昆明运到山上。不料，黄

昏时分昆明大雨倾盆，急忙电话高德，宜良也是中雨不停。这雨一直到深夜声声未绝，好不让人担心第二日露天茶会可否如愿举行。说来也是巧合，去岁之五台山茶会，今春之九华山茶会前晚都曾有雨，但第二日幸得风住雨歇。唯愿第二日雨过天晴，宝洪传香！

上午七点半点自昆明出发时天色仍阴沉，九点至宜良汇合时终于得知山上出太阳了，同时收到高德微信："场地打扫完毕、宝洪山泉已取、柴火劈好，茶会现场的灶台亦垒好。"闻此消息，人人欢喜。

待来到宝洪寺，四野阳光普照，苍黄的残墙在蓝天之下明亮而庄严。半壁山墙外原有一株数百年的茶花树，正好开花，雪白的花瓣层层叠叠，据说那叫"雪塔"，又称"观音白"。以前多次来此，只见满树枝叶油绿，今日才第一次见到花开，也是因缘殊胜。茶人们按顺序抽签认定自己的茶席位置，复又回到原宝洪茶茶厂的旧址、现苏天水先生的茶室小坐吃茶、话茶。

下午三时是我们约定的茶时，茶人提前各自按自己位置布席。因无我茶会一切从简，一方席布、一只蒲团就是事茶空间，一壶一勺杯四只盏，便是事茶器具。上午高德将采来萎凋好、炒好的宝洪茶每人手中分至一泡。山泉已沸，铁锅中正在炒制的宝洪茶清香四溢，众人凝神安坐，静待茶时。

余举手轻敲铜磬。三声磬响在这蓝天白云下、古寺断壁中尤显清越，微有凌

风穿云之意。众人在静默中取壶注水，水声淅沥可闻。茶香自眼前的壶中腾起，温润片刻复又注水，顷刻出汤，分在四只茶盏里，用小托盘盛了，起身奉至左边的三位茶人。待回到自己茶席上时，右边的三位茶人亦奉来三盏茶汤，加上自己瀹的一盏，是四盏茶汤了。

四盏茶汤同泡的是宝洪茶，但一一入口，滋味却不尽相同。有温润平和者，有饱满韵深者，亦有涩涩回甘者。对应不同的瀹茶人，却是与每个人的性格有些许关联的。吃茶本不应有分别心，不同的茶汤必然有着它存在的理由，其间的善与恶，其实是自己的好恶的结果，与他人无干，与茶无干。

想一茶之因缘，一场茶会之缘起、过程、结果，须有善念初心，又须得天时、人和，诸多聚合，才可顺利圆满。在一盏茶汤间观照自我，以求精进；在一次茶会筹备或顺利或坎坷的过程里，体会人事与茶事的诸般因果，或许就是修心的道路。

无我与有我，大我与小我，不过也在一瓯茶间。

天光晴好，阳光晒得土地炽热，也晒得许多茶人微微发汗，面色红润。其实，莫要抱怨阳光的热情。如果席地坐在这连日湿雨的露地，加之天气阴冷，再喝绿茶，对身体是有大碍的，但现在心底里满满的都是拥有的喜悦。原来天地自然，早已为茶人安排好了许多的得与失。

两道茶后，各人换上一泡体己茶，这一回的味觉俞发鲜活起来，犹如生命里偶尔遇见的惊喜，遇见不同的花开、不同的月色。你只须慢慢接纳，从容享受。

茶未尽，时已到。敲磬为号，今日的茶会就此打住。茶总有喝尽的时候，也总有未喝之茶在明日、后日等候。千年的古寺有过长长的过往，也终究要有复兴的今日与更生之明日。当此时节，得各方因缘具足，得云下天晴、茶人相聚、茶花竞开，这一场无我茶会虽尚有不足，也将是在不完美的旅途中对完美的一次探寻。这一盏茶汤值得铭记，愿茶的芬芳得以永传长续。

小桃花村的无我茶会

夏末，出昆明至安宁小桃花村洛阳山。

古寺依山而建，庙宇在"文革"中损毁甚重，正在重修中。因地处偏僻，供奉者多为桃花村附近的村民。山后红砂崖峭壁间上可见观世音菩萨、地藏菩萨与十八罗汉窟。

时近午，三五僧侣自在树荫下对弈。

饥肠辘辘，厨中师傅特意为我们重开炉灶，等候之时登山壁近观石窟。数典，知雍正《云南通志》有记："法华寺在城东十里洛阳山。宋大理段氏建。"当年法华寺有一独特的景观"法华晚照"，曾为安宁八景之一。另，《安宁州志》载："寺朝西北，每阴雨晴明，佛殿昏暗，忽清光满室，四壁佛像，须眉毕现，顷复暗。"

石窟左侧龛中的观世音菩萨与地藏菩萨已损残不全，细看留存下来的局部，纹饰雕刻精美，衣带线条流畅，有宋之遗风。右壁的十八罗汉窟，有一窟内造像已毁，剩下十七窟，排列为上下三层，罗汉姿态面貌各异，形制简朴生动。第二排罗汉窟下，"晚照"两个斗大的楷书依稀可见。惜未近黄昏，只能遥想"法华晚照"之灿灿。

庙后有一中年村民正在拾缀，攀谈间得知是小桃花村中人，得闲便来寺中洒扫，还在山坡开垦了小片田地，种了瓜豆玉米供僧侣食用。那小片田地，斜在坡上，却青葱茂密，胖胖的南瓜趴在玉米丛中。

山下同行者呼开饭，便围坐廊下。菜蔬鲜香，咸菜辣麻，忽觉胃口大开，破天荒地吃了两碗饭。阵雨忽至，廊外淅淅沥沥。

饭后雨停，一行人携茶荷具——三只八磅热水壶十余种茶，穿藤蔓，攀山壁，登上晒经石。

山风习习，临崖首泡"88 老普"。晒经石似一斜坡，散坐四下，各自握盏临风，山色青黛，诵经声自山脚寺中冉冉飘来。

雨后十余盏后，再开一茶，觉水温稍嫌不够，未将茶香尽数发散。众人再议，不如待会到庙中烧开水再泡。又饮十来盏，见天色略沉，遂在崖上合影一张，下山。

复归廊下，五人围坐，以信阳毛尖小试无我茶会。巡巡回回，每个人喝的都是别人用心泡的那一盏。每一盏，味道皆不同，始终未曾喝到的，是自己泡的那一盏。

天色见晚，归。

第七品

山有三远：自山下而仰山巅，谓之高远；自山前而窥山后，谓之深远；自近山而望远山，谓之平远。高远之色清明；深远之色重晦；平远之色有明有晦。高远之势突兀，深远之意重叠，平远之意冲融而缥缥缈缈。

第七点 三远

山有三远 自山下而仰山巅谓之
高远 自山前而窥山后谓之深远 自近山而
望远山谓之平远 高远之色清明 深远之
色重晦 平远之色有明有晦 高远之势
突兀 深远之意重叠 平远之意冲融
而缥缈之 迎新语自然远也 此山川之景
守子乃因先在左右以六法神随之 譬之迷
目尽去远长之在景先 云烟溟濛 山经天
咨古寄兴 缥缈烟雾

丙申年 砚田书

迎新语：自然造化，山川未移半分，乃目光左右上下腾挪，心神随之飘逸耳。画者造景，意在景先，云端落脚，山径轻点苔，古寺寒烟翠。

盐隆祠里"冬藏养"

　　日暮，天色渐渐暗淡，深蓝的天幕中有月若隐若现。一两滴雨水从屋檐上落下来，敲在盐隆祠的青石板上。三日后便是大雪节令，平素温暖的滇中也有了莫名寒意。一早便落的雨水在午后收了稍，亮堂的阳光晒干了青石板地，却没晒干盐隆祠古戏台上雕刻精致的刀马人儿和清供图。此时的古祠中早已雅客如云，七席茶、一席香和茶炉里的炭火早已静候多时。

　　烛光亮起，香席起香，茶席煎水。一曲《良宵引》在子珺指下流出，清越和雅；柏旬起香，冉冉青烟携着药香随风飘散。

水沸温壶，投茶润茶。2002年的"7581"出汤很快，汤色蜜红透亮，就着烛光更显温润。冬夜的第一盏茶就借它来温暖吾等的脏腑。"无上清凉云茶会"历时两个春秋，自秋越夏，转眼便是冬日。众友催促得紧，吃茶其实是际会。《黄帝内经·素问·四气调神大论》云："逆冬气，则少阴不藏，肾气独沉。"《史记》则言："夫春生夏长，秋收冬藏，此天道之大经也。"因而此次茶会主题定为"冬藏养"——吃茶间，古方药香、易经与养生、中医与养生讲座——铺陈。

冬雨让这座数百年历史的盐隆祠多了寒意。裴芮在院落里特别设了几只火盆，各席上又有茶炉、烛光来煮水照明，配的茶品也是净取温中去寒的，因而不觉寒意。第二泡茶是当年的金骏眉，馥郁的果香在冬日里尤显清透，把第一泡茶的敦厚提了个亮堂。此时恰好柏旬香席上的助手捧了铜篆香炉传香过来。行香处，弥远的合和之韵入鼻然后下沉，入喉润肺，有扶阳散寒之效。两香参差，茶香上行开窍醒神，各专其美。期间，琴箫和鸣，笛声入云，刘老师即兴抚筝一曲。

第三泡茶选的是20世纪90年代年宜良茶厂的滇红茶。在滇中存放了三千多个时日的红茶，蜜香隐退，转变为独特之药香与干果香，汤色沉着，连饮数盏便觉腹中一片温热。贺红刚馆主抚琴歌《归去来辞》。古宅醉月，围炉煮茶，沐古方药香润燥，闻传统养生之道，听雅乐飘飘。

王柏君、车间兄的茶席设在古戏台下，一为"岁寒"，一为"听雪"，应时应境。海琼君与志琼君的设在两侧竹寮里，通透简洁，四面皆可成景。裴芮君的"挂在青天是我心"设于一侧，巧借灯光画境，构思奇妙。李静君与我的在廊下，隔了一道木屏风，晚间暗淡，茶席里便用"老子出关"钵清供了景迈山拾得的两支古茶树枝，几片苔青，蜡烛数支，水浮香数盏，云烟缭绕，取"烟水际"之意。

畅饮至此，到了体己茶时刻，冲瀹各席主自选岩茶。席间开始热闹，海琼君、王柏君、裴芮君、李静君、时光兄、志琼君席上的嘉宾把盏行游，到各席"讨茶"喝。茶宜静却也可动：静可一人细啜，独自体味；动则知交把盏，畅快淋漓。此也是"无上清凉云茶会"合众人之力，分享茶间况味的本意。

　　茶里光阴殷勤多，炉烟尤起岩骨香。亥时至，不觉吃茶已久，该散了。诸人归家正是养生的子时，若再贪杯，何来的"冬藏养"？盐隆祠中古戏台外，隐隐有月牙半弯，照见吾等拾茶归去。滇中清夜，也该眠了安了。

峨嵋云归处

回头看时，伏虎寺中一片寂静。桫椤古树苍劲挺拔，叶片婆娑含情。一时恍惚，我到过？未到过。此山还是此山，古寺仍是古寺，未有丝毫改变。云去云归，方才那一场际会，茶烟茗香，梅影笑颜，须臾已成回忆。

席开九桌，引磬三鸣，九位席主合十缓步入席，助泡茶师刚好把炉上的水烧开，温壶、投茶，清冷的空气里普洱熟茶的香气温暖芬芳。山中寒重，席主和吃茶的人都披了厚厚的斗篷，拢住身体，静心啜茗。腊梅在茶案上、在身畔处幽香暗吐。

今日伏虎寺中静好无风，青灰瓦片铺就的屋顶一尘不染。果忍师傅讲过一段由来：当日建寺时，前人专门堪看考究过山形和风向，四周的树木飘落下叶片，随即就会被风卷到山谷里，令寺庙屋顶洁净无染。所以任凭高大的树木枝叶

春发秋落，清风扫尘，故而寺庙中有"离垢园"，为清康熙皇帝亲笔所题。调摄内心，天真无碍，离垢离尘。古往今来，世间贤者莫不问究此理、此途，种种究竟。于爱茶人来说，习茶或许是途径之一。藉由一盏茶汤，在冲瀹中懂得专注；藉由一席给予茶的仪式感，懂得人与物的尊贵；藉由为陌生或是熟悉的人，奉上一刻相会的短暂时光，并心生欢喜。这样的欢喜与父母子女之爱、男女鱼水之欢有着根本的区别，不知所起，像是自山中涌出的清泉，纯净无由，却甘甜滋润。古茶人也许是体会过这样的悲欣交集，所以才会有一期一会之感慨。

第二道茶开始了，天色微微有些灰黛，不知从哪里飞来一群鸟儿，落在旁边挂满红黄色小果的树上，叽喳自在。树下的人继续吃茶，鸟鸣有若天籁。近百人就座，群鸟竟然来去自若，相伴席间，倒也是一奇。席主的体己茶个个不同，乌龙茶、普洱茶、红茶、老白茶静静在各席舒展绽放。引磬再鸣，是换第三道茶的时间了。松子仁、佛手丝、竹叶青，在盏底温润浸泡片刻后，拨入一朵半开的腊梅，再注山泉沸水，水蒸梅花香，松白竹韵青。松竹梅际会盏中，是为三清。各人自执盖碗，细啜慢品。峨嵋的钟灵毓秀，那一刻幻成淋漓的水墨，无我、无茶。

山小柏舟
一席茶

　　次日的报国寺，天青云朗，几树腊梅染得天地尽香。九茶席圆形环绕，昨日的席主今日主动做了助泡和工作人员，吃茶的人愈加安静有序。茶间本无贵贱分别，人间也是自然平等。事茶更像是一面镜子，欢喜、纠结一一照见。见到的不是他人，是自己。云茶会历经五年，怀清凉之心不忘初衷，每一次出发亦是归来，每一次归来又酝酿着再行。茶至深时，寂静希声，壶里正是沸水连珠，松涛叠涌。报国寺曾有匾："鹤驻云归。"喜欢这四个字，故今次席名：云归。既有忆及当年峨嵋雪中吃茶心生的愿念，又有未言之意。人生不过百年，来来往往的路途，看似往前急行慢走，其实都不过是一个"归"字。故释意：

普贤法雨

觉路洞开

鹤驻云归

践愿且行

青山旧识

今兮昨兮

松风煎雪

趺坐对饮

　　一位位自远方云聚而来的茶人，因热爱、信任、理解而聚集，共赴峨嵋茶约。一盏茶汤是如此温柔而有力量，只因其间融合的善与美。尘埃落定，那些路途中的风雨皆过眼不见，只留下山川巍峨，白云万古。

第八品

千里之山，不能尽奇；万里之水，岂能尽秀？太行枕华夏而面目者林虑，泰山占齐鲁而胜绝者龙岩，一概画之，版图何异？

第一品 绝妙

千里之山不能尽奇，万里之水岂能尽秀。何以
太行枕华夏而面目，画吾家之山也，

尝见郭熙画山皆鬼面，不能令人
意知进入太行。

丙申年 砚田书

迎新语：入太行，刀斧绝壁疑为神工，挂壁之路胜在人力。皆赞可叹，登泰山，雄浑磅礴，大字金途见，青未了，之勤碑，又见安道壹，刚经，高深简穆。唯叹，命世英才，安能有此绝诣哉？

灵岩寺袈裟泉煮茶

　　甲午暮春，应邀赴济南"清和济济"雅集，余暇访山东画报出版社，游趵突泉，吃茶茉莉花茶和 1995 年下关沱。后又与砚田、韩山子、晓东兄、施继泉、林爱卿老师同游灵岩寺。素闻灵岩寺为北方禅茶之源。中唐天宝（742—755 年）末年的《封氏闻见录》卷六有记："开元中，泰山灵岩寺有降魔师大兴禅教，学禅务于不寐，又不夕食，皆许其饮茶，人自怀挟，到处煮饮。从此转相仿效，遂成风俗，自邹、齐、沧、棣，渐至京邑，城市多开店铺，煎茶卖之，不问道俗，投钱取饮。"茶风源起处，爱茶人自当一访。

始建于唐贞观年间的灵岩寺背山而立，四周林木葱茏。明代王世贞曾叹："灵岩是泰山背最幽绝处，游泰山不至灵岩不成游也。"灵岩寺几经损毁，昔日恢宏的大殿只遗下柱脚等遗迹，唯千佛殿里被梁启超称为"海内第一名塑"的四十尊彩色泥塑罗汉像依旧栩栩如生。罗汉像中三十二尊塑于宋治平三年，明万历年间补塑八尊。虽蒙岁月日久之尘，却清姿秀骨，眉目生动，可见古人的写实技法之高。其表情，或沉静，或愠怒，或低思，或和善，无一不形象传神。罗汉的衣饰处理细微绝妙，均着两层右衽交领法衣，外披田相或纹饰的袈裟，绘有牡丹、莲花、宝相花及蔓草图样，华丽曼妙。衣饰之下令人称叹的不仅是肌肉骨骼曲直起伏，衣褶的转折变化自然而微妙，甚至还表现出了不同织物的质感。与其他寺院里的罗汉像不同的是，除了五百罗汉中的达摩尊者、摩诃目犍连尊者等，罗汉中有十一尊题有汉地高僧法名，如定鼎玉林国师、双桂堂神通破山和尚、灵岩寺的开山祖师朗公老和尚、北魏正光年间重建寺院的法定老和尚。

走出千佛殿，不远处一株几十米高的老树缀满白色花朵，香气清芳，向寺里的义工仔细打听，得知唤做"流苏花"。花

树远处是八角九层楼阁式的宋代辟支塔，碧空朗朗，古塔自巍峨千载。

春日干燥，游历半日，觉得口干。众人便至寺后寻了石头桌椅坐下，摆开随身的茶具，一旁刚好有口泉水，一领铁袈裟依泉而立，盘边的石上镌刻"袈裟泉"三字。传说当年法定禅师重新建寺之时，有铁自泉眼旁涌出，高约五六尺，重数千斤，天然水田纹，颇似袈裟，于是得泉名为"袈裟泉"。晓东兄在泉眼处取了水，用炭火煮起。听说古时灵岩寺周围泉眼甚多，计有甘露泉、卓锡泉、白鹤泉、袈裟泉、石龟泉、上方泉、华严泉、朗公泉、神宝泉、观彩泉、黄龙泉、卧象泉、擅抱泉十三处。眼前的袈裟泉清泉汩汩，也属济南七十二名泉之一，忍不住尝了一口，泉水冰冷甜美！此前在城里寻泉，因人口众多与城市过度开发之故，泉水多有名无实，幸得袈裟泉藏在深山古寺，未受红尘之扰。暗自琢磨，当年《封氏闻见录》所记降魔师在灵岩寺兴饮茶之风，是不是也是与寺里寺外的这些甘泉有些关联？

紫色和白色野花放在石桌一角伴席，水沸，瀹宋聘号"世外"普洱古树茶，和风徐徐，甘润生津。吃茶七八泡，身心都舒坦放松起来，韩山子趁兴吟道情一曲，又以诗记之："宋时人物宋时天，欲遣心意向此间。袈裟铸就浑然铁，卓锡一脉水涓涓。"又作："行役无时可息肩，如此山风恰好眠。坐看繁花映旧塔，更取新茶手自煎。"

时光拂过灵岩寺的残碑与春日的流苏花，不绝如缕。今时的我们可以满载而归了。

太行听风

车抵太行山最峭峻的一段，天色黑暗浓稠如一匹软糯的砂洗黑缎。这缎子似在夜风中忽然回折，望见几截亮堂在不远处。车身渐渐颠簸起来，弯道也越来越急促。黑暗中猜想，几米之外左手边看不见的地方，应该是刀削般的悬崖，忍不住捏了把汗，但司机丝毫没有减速的意思，直接将我们带到轰然明亮的洞窟中。

飞速后退的石壁层层叠叠，突如其来的光明霎时又没入黑夜。再次明亮，再次淹没。眼睛开始适应时，才看清前人的伟大，坚韧无比的山腹中竟硬生生一刀

一斧辟出一条路。人力如斯，以鬼斧神工喻之毫不为过！因为在黑暗中，这穿越挂壁之路的过程倒少了几分惊险，轰轰烈烈间就穿越到另外一个空间了，颇有奇幻之感。

在郭亮村安顿下来，清欢早在露台上带大家布了琴、茶、香席。我想偷个清闲，却被推为掌壶人。坐下来看看清欢带来的几个老茶，便舍不得离开掌壶之位了。嗜茶之人，每回看见好茶总是万事皆忘，如同见到久别的爱人，无论怎样都要好好厮磨，好好待之。

第一泡陈年牛栏坑肉桂，硕大的一只壶，近 20 克的投茶量，出汤才够半桌人喝。面前一溜茶盏，各色各款，山风清凉，幕天席地，痛快。冬郎白衫素琴，背后是一片高而笔直的泡桐树，一曲罢了，又与恒郎合《少司命》："秋兰兮青青，绿叶兮紫茎。满堂兮美人，忽独与余兮目成。入不言兮出不辞，乘回风兮载云旗。悲莫悲兮生别离，乐莫乐兮新相知。"

冬郎抚琴颇有中州派"宽宏苍老、高古端严"之风，恒郎的吟唱一字一句也深具古韵。不久前，冬郎将中州密谱中北邙老人所作《大河十操》的《嵩岳听禅》整理录制出来，有幸听闻。嵩山之巅，古松之下，琴音入禅，以为仙乐。

琴音中我细细冲瀹压制成小方块的 1990 年代大红袍、上海茶叶进出口公司1990 年代的出口袋装 CTC 红茶。不同种类的老茶，在几十年的后期转化之后，都有了一些相似处，火气褪尽，醇厚朴素，品种个性消退，植物的共性显现。老红茶一次投了两袋，第二道注水开始加长浸泡时间，令茶汤饱满，密实的干桂圆香里隐约有药香，茶汤似可咀嚼。最末一款 1980 年代青皮单丛投入壶中，三泡之后开始稍加焖泡。朗月皎皎，一阵箫音随风而止，知是清欢。尺八的苍凉辽阔在月色下何其明晰，起伏吐纳与松风相和，沉浮如风带沙行，细腻处像是丝绦起伏。若先前的夜色是一匹黑缎，这一曲《风雷铎》便是黑缎上银亮的游丝。众人寂静无声，唯茶香暗送。良宵如是，万仙山中恍然如仙。

第二天早晨，站在绝壁边缘，遥看昨夜穿行过的挂壁公路，似幻似真。崴嵬太行，可就是贲卦里的"天文"？这一行洞窟确是"人文"的足迹。古人云："丈夫灵气，多从清虚来，取势于海，取情于山。"昨夜的一宵茶一曲山色月意，早埋下了今日"太行听风"的引子。众人采山花汲寒泉，临崖布席，茶券、茶包、茶点一一备齐。学生刘静在山间采了芒草与一块树皮，就地将树皮裁下制成花器，配上芒草别有野趣。下午 2 点，雅集开始。中州琴院恒郎抚琴，大罄堂行香，潜川、隐泉、沐心、青霭、叠云五席席主执壶瀹茶。"潜川"席主须弥的茶席释意读来很有意思：闲潜山川，听风太行，一挂长袍逍遥；晨饮甘茗，夜伴星空，自在清欢，打个盹便一世一生地过。

这太行山顶，距天空白云如是之近。握盏听风，无计过往，静坐即是深心。山中两日，烟云供养，受用不尽。近年因传播茶事，结缘山水，结缘诸位清友，唯心知心，夫复何求！

回到郑州，虽然感觉到炎热，天空倒碧蓝，有些昆明的味道。河里划龙舟的人们煞是热闹。从昨日山间的清净穿越回来，始觉一动一静都是人间的清欢与风月。我开始念想家乡初夏的月色了。

第九品

　　水不潆洄则谓之死水，云不自在则谓之冻云，山无明晦则谓之无日影，山无隐见则谓之无烟霭。

第九品 化境

水不瀰漫則謂之一旦氣雲亦自生則謂之源雲山無形海則謂之無影亦無隱之見則謂之無煙霞空靜語行茶物體然緣謂之何亦在亦淡亦無無影空是無趣一件子大好玩之事唯之諾之何來生趣

丙申年硯田書

迎新语：行茶拘谨教条谓之何？亦死、亦冻、亦无影，实是无趣！一件千古好玩之事，唯唯诺诺，何来生趣？

兰汤桥头苦楝花香

　　月色中的武夷山落着细雨，车至兰汤桥头停下来，彝山兰若的灯光松影在夜色中一片暖黄色调。下车，迎面而来满怀的幽香，带着一丝蜜甜，教人一时间分辨不出是什么花香。

　　一夜甜梦，在花香里沉浸起伏。第二天醒来，阳光投射在榻榻米上，木格窗和窗外的树影都像淡淡的水墨一起印在光影里。上课的教室外是一棵高大苍翠的树，仔细看看，树枝上开满淡紫而细碎的小花。讲过茶空间与中国传统审美的理

论课后，同学们在室内静静地学习做手工，一针一线地缝制茶巾。悄悄问了当地的朋友，原来那棵树叫做苦楝树。苦楝，也叫"恋子树"据说花开后多籽，于是有人会用它的木头来做结婚用的床，寓意吉利。下课后走到树下细看，树真是高大，羽状复叶层层交叠，每朵花花分五瓣，中心处颜色略深紫。因为是白天，花香淡雅了许多，成簇的花朵远看像是淡淡的烟霞，又热烈又浪漫。

后来在春天的三坑两涧行走，雨水将坑涧里的肉桂、水仙沐浴得油润碧绿。行至流香涧，地势愈加曲折有致，岩石铮铮，甘泉细流，石上附生着一簇簇石菖蒲，高大的苦楝树在山间灿烂地开花结籽，绿荫如盖，花团似锦。江南一带作为盆栽的络石，依附在高大的乔木树身上，缠绕攀缘，开满白色的小花，馨香可人。各种花香混合在湿润的空气中，分不出哪是苦楝哪是络石的气息。茶叶就在这样

的山间饱吸雨露阳光,与花木为伴。茶韵里有刚劲之气,又拥有细密的山场香韵。

武夷山人爱说"醇不过水仙,香不过肉桂"。随后几天的学习有结合武夷山地理历史风物特征的茶席设计课,也有实际的岩茶冲泡课程。白天在彝山兰若窗外苦楝树的绿云华盖下体会水仙、肉桂的山场气息,入夜到孝文家茶观摩摇青、做青的过程。武夷岩茶的制作工艺复杂,从鲜叶萎凋、做青、杀青、揉捻到烘焙,历时八到十二小时。晚上十点来钟,茶青盛在水筛中。做茶师傅不断地轮流端起筛子摇动茶叶,使叶缘磨擦,一筛又筛周而复始地操作,让茶叶在青架上漫溢香气。春天的夜晚,每个制茶人家都彻夜灯火通明,茶叶的芳香从屋内一直飘到屋外,让花香都黯淡了许多。

三天的时间过得很快,每天晚上都是拥着茶香入梦,第二天又在花香中醒来。

最后一日是同学们的结业茶会。彝山兰若主人王开心仔细挑选了几个地方备选，最后我们一致定在了大王峰侧的幔亭峰下。

武夷山的山势并不险峻，却特点各异。坑涧里的山崖多半顶斜、麓缓、身陡，岩壁上一条条倾斜的断裂带如劲风梳过，昂首向东，有奔流雄奇之姿。

而像幔亭这样的峰似是平坦的草地上突然傲然起立的巨石，撑着天护着地，更像是一方水土的守护神。远远看去，石壁上古人刻下的"幔亭"二字清晰可见。宋祝穆《武夷山记》有记载说秦始皇二年八月十五日，武夷君与皇太姥、魏王子骞等十三位仙人，曾在峰顶张幔为亭，结彩为屋数百间，大宴乡人。幔亭因而留名。当日的随园主人应该就是在这里盛赞武夷茶的吧？

《随园食单》记得清楚有趣："余向不喜武夷茶，嫌其浓苦如饮药。然丙午秋，余游武夷到曼亭（幔亭）峰、天游寺诸处。僧道争以茶献。杯小如胡桃，壶小如香橼，每斟无一两。上口不忍遽咽，先嗅其香，再试其味，徐徐咀嚼而体贴之。果然清芬扑鼻，舌有余甘，一杯之后，再试一二杯，令人释躁平矜，怡情悦性。"号称乾隆才子、诗坛盟主的袁枚也是口舌刁钻的美食家，因为一开始喝的岩茶"浓苦如饮药"便心生抗拒，直到在"曼亭"峰下喝到正岩的好茶，并且冲泡手法精

妙，香味俱全，这才入了心，继而评价："始觉龙井虽清而味薄矣；阳羡虽佳而韵逊矣。颇有玉与水晶，品格不同之故。故武夷享天下盛名，真乃不忝。且可以瀹至三次，而其味犹未尽。"

其实这样的情况在今日也不少见：一种茶，尤其是数量稀少珍贵的，大多在当地行家的手里；流传到外地贩卖的，品质早已经不一样了。袁枚之前喝的"浓苦如饮药"的岩茶，想必在焙火的掌控方面有问题，即使现在市场上也会有这样的茶叶存在。后来待饮用了"清芬扑鼻，舌有余甘"的上品好茶，自然令诗人兼美食家的袁枚味蕾绽放，诗思泉涌。

给幔亭峰下的茶会取名"兰汤禊饮"，拟古人兰亭美意，设美席，邀贤达，围炉煎泉，体会天人合一的吃茶妙境。来自不同地方的十位茶人，在兰汤桥头一同习茶，又在幔亭峰下的青砖地上设席邀请嘉客一起吃茶，盏中的茶汤，依旧"清芬扑鼻，舌有余甘。"

穿越时空，古人与今人的审美总是这样巧合印证。武夷山中的岩石、茶树、花树、草木，不知道与千百年前又有哪些不同？一定是有的消逝了，有的一直在生长。而不变的还是山涧里兰汤桥头的苦楝花香印证着的武夷山过往。

腊八梅花茶会记

　　梅开时节，正是昆明暖似阳春的数九天，滇中的这方风物水土，得到老天的眷顾，有冬意却毫无冷清萧瑟。龙泉古观里天蓝如美玉，一树古梅花蕊娇白，疏密错落得恰到好处，在枝头或含苞或怒放。微风过时，自然飘落下数蕊，让花树下的吃茶人感慨不已。此情此景，岂能无诗文记之？

　　其时，古梅下早铺就了淡灰的画毡，笔墨也已备好，手卷落墨处的佳句足够教人回味半晌。杨凯兄写道："千岁梅花千尺潭，腊八茶约笑冬寒。廿岁四喜

开门庆，江南黄芽伴雪煎。""千岁梅花千尺潭"这句暗喻了黑龙潭植梅千树，一潭碧水岁岁年年的典故。"廿岁"是指今日开喝的福禄寿喜方砖的茶龄，新年第一次茶会，杨凯兄特意提供了寓意吉祥的福禄寿喜熟砖。最末一句说的是乌蒙山雪水瀹的德清黄茶。千里之外，冰雪在密林深处银白皎皎，茶人魏成宣一勺勺将它盛在桶中带回昆明，才得今日回味无尽的茶汤。

　　才女宇波写道："听泉梅枝下，吃茶一水间。春风等不及，入盏先尝鲜。"这首诗颇有兴味，"春风等不及，入盏先尝鲜"两句尤为生动。时值腊八，龙泉观里暖风拂面，确有春风早至之感，诗句把春风也喻作一位嗜茶的妙人，急急忙忙探入茶盏嗅香品汤。

　　"云茶探梅待梅香，潭院试茶杯影藏。乌蒙山雪煎玉蕊，龙泉观里得清凉。"这首诗是龚志琼茶席上所作。"云茶探梅"本为茶席名，巧妙入诗皆指云茶会与云南普洱茶，绘出龙泉观里的清凉茶意，点题应景。吴涯兄亦得诗一首："冬暖寒梅树，人聚一席中。不知春色早，疑是侍茶人。"吃茶数盏，他又吟得一阙："问道普洱龙泉宫，春满枝头驭晓风。茶圣陆羽今尤在，一树梅花一席中。"

　　"龙泉梅蕊新，滇中茶人会。梅开望春来，腊八依古庭。庙古茶意清，琴幽人欲醉。寒友一盏熏，琥珀得味归。"这首诗是我在席上所联。结句轮到乐骏，他用琥珀喻美茶汤，总结全诗，完美收官！

　　昔日，故人有西园雅集，诗心文韵，流芳百世。那西园里的古松、青竹，画案上清供的花草，盏中玉色的茶汤，一并在岁月里黯淡成蕴意古典的背影。而今时的茶境，是熟识的老友，是心气相投的知交，是少年时就一年年看惯的梅花与龙潭，茶境亦是人和之境，应和天时之境。

　　醇香的熟普洱、清润的德清黄茶、蜜兰香的单枞，在温暖的冬日，它们与茶人有如久别重逢，又似意外偶遇的投缘人，无言亦相知。茶会意外地来了不少未邀之客，席位也有些拥挤，席主们取出多备的杯盏，却辛苦了备水的茶人。茶会虽少了些许清寂，但多了一些与茶结善缘的人岂不是好事一桩！磬声如令，席主同时投茶瀹茶，亦同时把自己、把席前的佳客一起沁润在茶香中。不要轻易说一盏即可以清心、即可悟道，其实吃茶本是平常事。当下一刻与平日吃茶并无不同，才是吃茶最本真的态度，是事茶人以本真面对自我、面对他人的境界。这亦是我一直追寻的人文茶席内涵，也是"无上清凉云茶会"所提倡的事茶态度。

　　行茶间歇，熏一炉终南山如济老师专为此次茶会所合的"菩提"、"禅心"

二香。半个月前与如济老师在此煎水吃茶，如济老师取梅瓣少许，说欲合梅花香以助茶会雅兴。回终南山后他修合香谱，调梅之韵，得"菩提"、"禅心"二香。和这两款香一起从千里之外而来的还有如济老师的"南山体"诗笺："绿萼尚怀怯，红芙已展颜。从来高洁士，岂畏冰雪艰。浮生多感慨，涕泪湿青衫。"茶会当日，图片传到新浪微博，如济老师见茶会所联诗句，又遥题："绿萼发寒香，滇中腊日长。佳茗醉佳客，残墨写幽芳。"

柳州的茶友亦来参加茶会，后以《梅花知己》记述当日茶会："古人不逢知己不弹琴，而梅花素有'知己'之誉，当引得高山流水，三籁俱齐。"老梅树下，琴音清旷，廖大坤道长的太极行云流水，刚柔相济。茶末，每人一碗腊八腊梅粥，应和腊八节气，是茶会尾声温暖甜蜜的回顾。这里面的梅花滋味，想必会令人回味许久。

山，大物也。其形欲耸拔，欲偃蹇，欲轩豁，欲箕踞，欲盘礴，欲浑厚，欲雄豪，欲精神，欲严重，欲顾盼，欲朝揖，欲上有盖，欲下有乘，欲前有据，欲后有倚，欲下瞰而若有临观，欲下游而若指麾。此山之大体也。

第十六 澄潭 山上物与云浮，岂算拨新偃蹇。岂纤龃龉若澄岂，无潭岂浮浮红椎病无粘。

神者潜重无颜殊邸轫搏岂心有尽。岂六有乘石新写写移，名浮写倚意岂岂心瀚。

而若罕即临观觉心游而其指麈此山之大体也。

绝新语感心善，路体总会香滂滂精，神心空。

纸一道活澄心有纸蔚境维横坐空真山与。

屋三山的可避 无此山二士撰注雜经。

丙申年 砚田書

迎新语：感其苍茫体魄，会其磅礴精神，心空则一道清净，心有则万境纵横。坐定青山，老屋三间可避风雨，空山一士独注离骚。

第一品八十年代王树文先生制南糯山古树小铁饼
第二品安溪铁观音
第三品武夷肉桂
乙未菊月

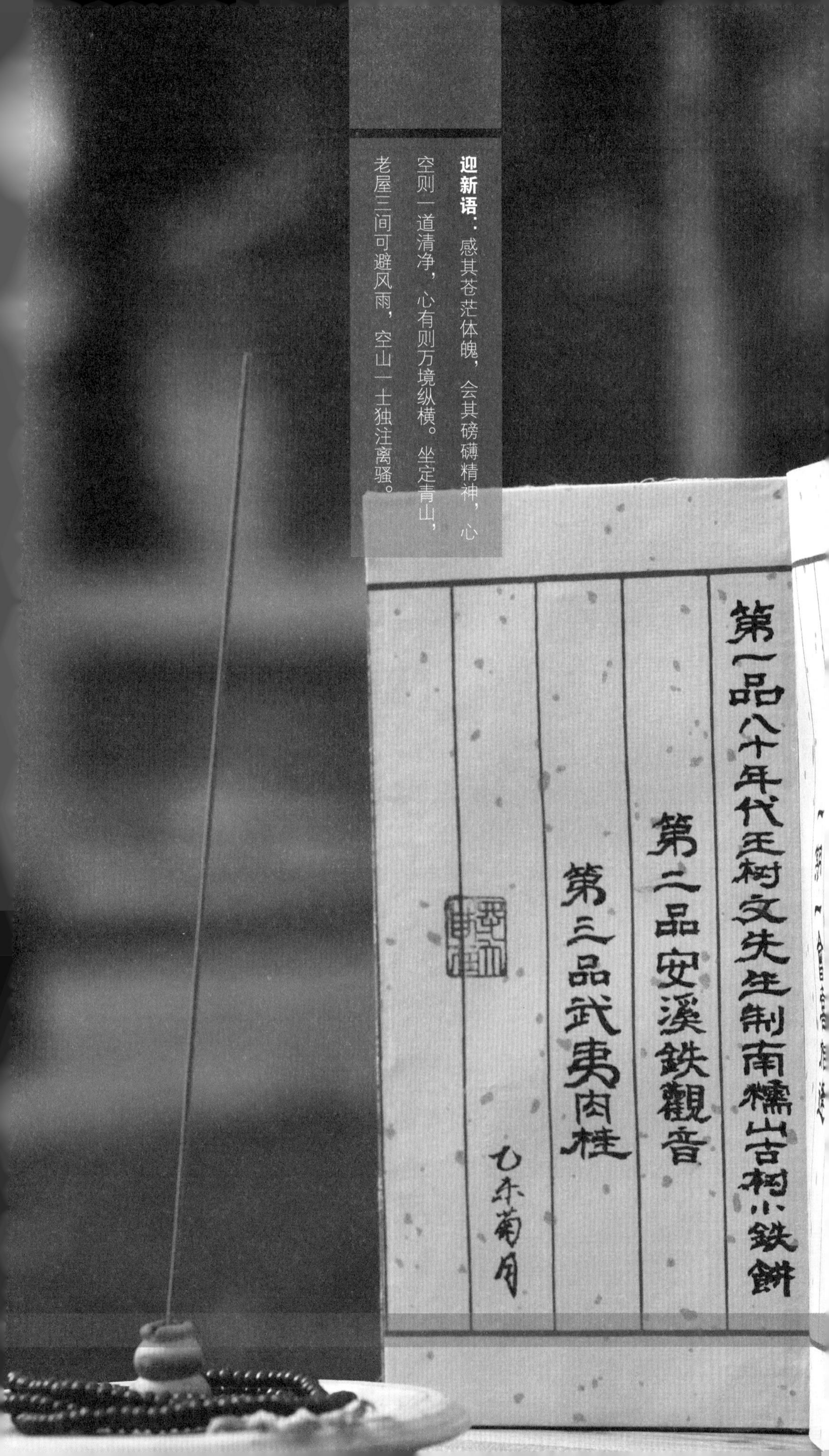

卧佛寺中得大自在

　　一早听见窗外喜鹊的声音，住在隔壁小院的海棠和涛也开始召唤大家起来喝茶。这些嗜茶的女子一定早早就在石桌上设好了早茶席。推开门，先站着仔细看门对面的那棵古松，枝干虬结，正合了柳宗元那首诗："日出雾露余，青松如膏沐。澹然离言说，悟悦心自足。"看了半晌出门，果然看见一桌人已经在松荫下开始喝茶了。

　　这几座院子原是旧时皇家的避暑地，各院相连又各自独立。早早约下的红叶

一会，各地的同学从天南地北赶来，张莉、曾姐、孙宁已将一切打点妥当了。得大茶舍就在卧佛寺里，坐在檐下就看得到通往大殿的青石板路，大殿门口有丛古腊梅，相传植于唐代贞观年间，待到冬日定是芬馥檐楹。深秋时虽未闻冷香，茶舍旁边一棵高大婆罗树却是青枝森茂，还结着核桃大小的青果子。茶舍里的女孩说，这棵树又叫七叶菩提，春天的白色花串很美，像一座座白色的小宝塔。下午，刘先生带我们细细游了一遍卧佛寺，黄昏时走到七楼彩色琉璃牌坊下。牌坊匾额为乾隆御笔亲题："同参密藏。"背面为："具足精严。"暮色中牌坊下的古桧树林一片苍茫气象。

次日早茶过后，茶席主人开始采集花草了。香山的秋天，果子比花朵更要多，红色、粉色、杏黄的小野果挂在木本枝条上，不用刻意修剪就已经是很美的茶席花。姜昆和玺博还发现了棵野柿子树，结满挂霜红的红果。玺博敏捷，攀上去顺手采了几枝。柿子味涩，但酡颜可人，玺博找只阔口盘，做了清供。

茶会在黄昏开始，山色在行茶中不知不觉就黯淡下来。一座山的月色都在眷顾着我们，偶尔有薄云，也是极快地飘移开，月光笼罩着寺院与起伏的山峦。每次茶会，前期事无巨细的准备时间其实更长，真正在席上安静坐下来瀹茶或是喝茶，其实距结束也不远了。每次茶会的开始对于茶人来说也就是尾声，虽然高潮绚丽，但转瞬即逝。所以，这一刻显得特别宝贵。仔细地注水、出汤，让对饮的人承接到最美的茶汤，确是饱含茶人心意的礼物。

拟好一段文字，请砚田掌灯慢慢书于长卷。茶事了，正是书就之时："乙未秋日，云朗天青。菩提结实①，双林染金②。诸贤云集于京郊卧佛古寺共襄茶事。时馨音送听，汤沸壶温，松柏停云，素盏承霞。望远山之蔼蔼，叹白驹之过隙；念天地之辽远，践人文之素行。执古之道③，格茶致知。正雅清和，含章可贞。古有：山中卧佛何时起④，寺里樱花此日红。却道：花待来年长，茶令今宵短。三盏过也，七弦尤温。真实如梦⑤，得大自在⑥，唏嘘感慨，是以为记。"

①卧佛寺有七叶菩提树数株正逢结果之时。

②寺门有雍正御笔木匾"双林遂境"。

③"执古之道"典自《道德经》。

④郑板桥题卧佛寺诗。

⑤"真实如梦"郑板桥句。

⑥得大自在，卧佛寺中有乾隆帝御题"得大自在"匾，意即茶会于卧佛山庄中举办得自然之自在精神。

勐库大雪山野生大叶种茶树群落探访记

　　抵达双江的次日中午，我们从县城出发，越野车在塘石路上颠簸得像个颠狂的醉汉。邦骂山山脚下有一小块凹地供奉着茶神，进山的人都要祭拜茶神，求得他的护佑。领我们进山的吴老师代我们求茶神让此行探茶之旅顺利平安。接下来又是3个小时红尘飞扬的土路，我们在太阳落山前来到了海拔1900米的大户赛村。

　　吴老师在暮色里指着远处黛色的山峦告诉我们：古茶树群落林就在那边再那边的深山里，明天我们要赶个大早才能够当天往返。呵，那遥远而又近在咫尺的

神秘之地，野生大叶种茶树群落似已发出低沉的呼唤。这些古老的精灵想必已然知晓，整个冬天，我的味蕾与镜头都在期盼着这次神奇的行走。

本来想在大雪山上住树洞、看星星的计划落空了，原因是山里虽然气温不低，但却是动物出没的旺季。休养了一冬的老熊、麂子、马鹿也趁着草木萌发的时候出来觅食。虽然有几位精壮的武警帅哥一路保护我们，为安全起见还是决定夜宿大户赛。

彼时，大户赛村里的茶叶粗制刚好开秤收茶，木门框上挂着喜气的红布条。天黑后，茶农们开始用竹箩背着白天摘的鲜叶来交，一竹箩鲜叶大概有五六十斤，过镑、计量、交钱。今天的收购价是 8.8 元一斤。皮肤黝黑还挂着汗水的茶农握着钱很开心，这个价格比去年高出近一倍。

村公所里只有几条木板床，武警们把背来的铺盖让给了我们，他们只和衣而卧在长木凳上。无名的虫子在墙角攀爬，月光从没有玻璃的木窗里透进来，空气清凉而洁净，一觉便到天亮。

穿越丛林寻茶迹，总是让人莫名兴奋。

在久违的鸡鸣声中醒来，围着农户家的四方木桌吃完早饭，收拾装备出发。经过 40 分钟的山路后我们的越野车来到茶山管理所。茫茫山峦横在眼前，徒步开始。

令人惊喜的是，进山不久，路边就有不少茶科植物，有的叶片还微微发红像是变异的茶种。当地向导说这是野茶，是有毒的。

"要走多长时间才能看到古茶树群落？"我急切地问。

"我们要走两个半小时，你们怕要三个半到四个小时。如果要到一号古茶树那里，时间就更长啦。"向导漫不经心地答。

到古茶树群落的路有两条，我们走的是稍微平坦的一条。说是路，其实只是以前猎人踏出的窄窄便道，有的临着山崖，得小心翼翼抓着藤蔓才敢走过去。多年的落叶堆积下来，把路面铺得厚厚的、软软的。因还未到雨水下来，落叶干松，有的金黄有的火红，踏上去"咔嚓"作响。阳光直接照射的地方散着浓浓的树脂芳香，背荫处则散着淡淡的野花香味。山崖上不时有一股股泉水流淌下来，用喝干了的矿泉水瓶子接来一喝，味道竟然比原来的矿泉水甜润几倍。千百年来被这水土滋养着的草木，如此受着上苍的眷顾，何其幸运！

森林里树木茂密，几人合抱的大树比比皆是。有些老树倒下后横卧地上满披着苍翠的青苔，不见腐朽却见一片勃勃生机。一树接着一树，山峦连着山峦，徒步三个小时后，古茶树群落还是不见踪迹。

想想当年发现古茶树群落倒也是一段传奇。以前，这山里满是密实的实心竹林。世代居住在这里的布朗族猎人上山打猎时，只要把猎物追到实心竹在的地方，猎物就无处可逃，只有乖乖地被猎人收下。猎人们也想看看被实心竹围绕的山头上到底有什么东西在里面，可这片竹林长得又密又深，没有人能穿越它看其究竟。10多年前的一个冬天，当大雪山山头上的积雪在春日的阳光下慢慢融化后，这片原本密密匝匝的竹林竟然神秘地全部枯死了。当猎人再次去山里搜寻猎物时，他们惊奇地发现原来被竹林包围着的是一片古茶树群落。

至于为什么实心竹仿佛在一夜之间全部死去，让这么大的古茶树群落从掩映中显现出来，到今天为止，村民们还是不懂。为此，县上还请来专家教授想把这事儿搞个清楚，但至今仍是未解之谜。

山坡上开始不时见到几米或十几米高的茶树，有的在山凹里蓬勃着，有的就依在我们经过的路边。茶树的叶子油润而有光泽，在阳光下特别醒目，一眼看去就能在丛林里把它和其他树木分开。茶树干上长着茂密的附生植物，有的长长地垂下来，当地人风趣地叫它"树胡子"。老茶树下还有些新萌的小树苗，是茶籽落在土里自然生长出来的。勐库野生古茶树群落是目前国内外所发现的海拔最高、面积最广、密度最大的野生古茶树群落。在这群落里穿行，就像顺着茶源之河逆流而上，似乎能径直追寻到茶叶始祖的血缘精魄。

"到啦！"向导激动地说。顺着他手指的方向，半山坡边一棵近二十米高、

五米粗的古茶树迎风而立，枝繁叶茂，树身微向左倾，更显得风神俊朗。然而这还不是传说中的"茶树王"，而是被称为"1+1号"的茶树。二十米，对一棵茶树来说该是接近神话的高度。从一粒小小茶籽到破土小苗，从一枝柔韧枝条到几人才能围起的树身，有着千百个如手臂般茁壮伸延着的树枝，它历尽岁月风雨，抚摸着天际流云、山岚灵气。

往前又走了半个多小时。因为知道梦想中的古茶树就在前面，这段路是走得最快的。路边还看得出有一丛丛死去的实心竹痕迹。当年的它们可是如田横五百壮士一样护卫着这苍苍古茶林。终于在山路的尽头看到"茶树王"威仪万千地矗立着。它伟岸的身躯王者般伸展着遒劲的枝干，树下盘根错节，紧紧地嵌入大地。它生长了一千年、两千年，还是三千年？也许，它身上一枝不

太粗的枝条都比我出生得更早。它见过陆羽煎茶时翻滚的蟹眼，读过宋徽宗文会时的美文——那些优美的词句还在树枝里奔涌，在茶树叶上跳跃。

毛绒绒的青苔覆盖着粗壮的树身，抚摸上去温暖而有力。抬头看见那遮天的树叶，一片片如精灵般活跃生动，叶面革质坚韧油亮，春芽穿过苔藓挺立傲出，细白的绒毫在阳光下闪亮泛光。

毋需语言或者文字，我在镜头里和时光拉近距离：近一点，再近一点。是否能看得更清？我想看清每一片茶叶的脉络，想听见它们的呼吸。干脆就盘膝坐在它对面的山坡上，一言不发，感知着往昔、今世和来日。

布朗族老向导在树前虔诚地跪下，插上两根用茶树枝削出的枝条，一头用树叶折成兜，装上带来的大米和干茶叶，然后点燃蜡条跪拜茶神。这样的祭奠每年的二月初八时在每个村寨的茶树下都会举行，并流传了不知道有多少年。茶祖是保佑一方水土的神灵，茶树是养活一方乡亲的衣食父母，而我们只是听着召唤归依而来的一片茶叶。

第十一品

　　水，活物也。其形欲深静，欲柔滑，欲汪洋，欲回环，欲肥腻，欲喷薄，欲激射，欲多泉，欲远流，欲瀑布插天，欲溅扑入地，欲渔钓怡怡，欲草木欣欣，欲挟烟云而秀媚，欲照溪谷而光辉。此水之活体也。

第十一品無為福勝分如空所見之諸相之眾清
殊注浮言動璟之妃織知實養言激射元之象
毛逐涛言漏布言隨撲了地言通動暗之之
葦木脱言換塵塞而雪暗故照涂窈而生輝
此无言体也迎新涂山如而趣志水再水地潭
甘露滋塵無盡涛言木蓮動靈秀寒瓶一霍
涛翻瀑瀑流四韓較搖張知青城經山一條山泉
逕瓊涤径土庚坊遊石言素及道莫元邊之
可知言體照來業榮去雪樹歸居之道

硯田若

（印）

迎新语：山媚而幽者必多水，地涌甘露，滋养无尽，得草木蓬勃灵秀。宝瓶口雪涛翻涌，湍流回转，顿挫张驰；青城后山一脉山泉活泼泼流经古磨坊，逝者如斯，不舍昼夜。茶人遇之，可细细体悟茶来茶去、委顿舒展之道。

山小一
小柏原
茶舟茶

宝瓶观水　洞天谈诗

　　乙未仲夏，流火之月，青城山依旧是避暑佳境。借这一片蜀中清凉，一水间人文茶道与济南林汲山房、山西稻谷文化共同在青城山和都江堰文庙举办"诗词作法与山野茶会"的课程。

　　都江堰文庙始建于五代，原是川西地区规模最大的县级文庙。汶川地震中文庙受到重创。2009 年重建后，著名学者龚鹏程先生倾注了极大的心力来恢复和治理，成立都江堰文庙国学体验园，由龚先生弟子邓世䜣长驻主持事务。文庙有六

艺的教授与体验，并经常举办传统婚礼、乡射礼、秋季祭孔、乡饮酒礼等礼仪及国学普及活动，可谓功德无量。六艺是中国古代儒家要求学生研修掌握的才能。《周礼·保氏》说："养国子以道，乃教之六艺：一曰五礼，二曰六乐，三曰五射，四曰五驭，五曰六书，六曰九数。"所以这次的课程也为大家安排了六艺的学习。

与寒山子先行一步到达考察课程安排事项，得都江堰文庙主事邓世睿、曹玲秀贤伉俪热情引导，很快就将室内和户外课堂、雅集举办地点逐一考察落实。下山已是日暮，邓世睿与曹玲秀说带我们到一个极有气势的地方吃茶就餐。

一行人走过干枯的河滩来到临崖岸边时才知道，原来是有名的"灌阳十景"之一"宝瓶口"。但见江水磅礴湍急，吹波翻澜，横流怒涌；一江气势淘淘奔涌至此，折身激浪，浪花与水流百涌聚散，百般变化，让人感慨万千，想到宋人马远的《水图》里，"云生苍海潮翻墨"也仅绘得一孔。

宝瓶口，古时又名金灌口，源自《永康军志》中"春耕之际，需之如金，号曰'金灌口'"的句子。闻圣人孔子遇水必观之，并有观水之论。而今临壁远观湍流回转处，顿挫张驰，逝者如斯，不舍昼夜……古琴"大流水"中的"七十二滚拂流水"莫如此景！而《天闻阁琴谱》中清代四川青城山的道士张孔山的"流

水"版本据说就是在这里改编而得的。当年，李冰根据宝瓶口水流及地形特点，在坡度较缓处凿开一道底宽十七米的楔形口子疏导水流。峡口枯水季节宽可达十九米，洪水季节竟宽二十三米。是日，饭毕不忍离去，几个人观水吃茶，畅聊尽兴直到月色满江方才归去。

第二天开课时逢七夕佳期，白天在文庙中邓世赛老师讲六艺，同学们皆换上直裾深衣在箭圃拉弓习射。平日里拈惯了茶盏和壶的纤纤素手，今日习文射，拉长弓，"内志正，外体直"，雅致中自然多了英武的味道，中正平和之气其实与在席前执壶行茶时的刚柔相济有共通之处。陈兴武老师午后讲诗源诗理。兴起时，陈老师用客家话吟诵诗词，抑扬顿挫，韵味尤足。晚课由我给同学们讲茶道美学与茶席设计。窗外夜色融融，月光皎洁，就着虫鸣与花香讲到中国茶道的空间不仅止于一室一屋，天地间都可为茶室，可为茶人践行之所。

课罢于院中月下设简席二组，瀹普洱，燃红烛，拈"深"、"对"二字为题眼初
习作对。同学们诗兴勃勃，各人得佳句若许。

　　次日赴青城山灵岩书院旧址。书院隐于静幽之林，草丛间橘红的彼岸花正是
花妍叶茂。喜雨坊下曾是南怀瑾先生、钱穆先生等大家讲学之地，寻古问幽，文
气盎然。众人分组席地而茶，继续学习诗词格律。陈兴武（黎元子）老师给大家

出题，摇了诗钟限时回答，喜雨坊下有流利对答者，亦有抓耳挠腮者。其实诗词写作远非几日之功可成。学海无涯，三日课程仅仅开一扇窗，茶人持善践行，内外皆修，应是聚传统文化者于一瓯者，功夫在茶中亦在茶处。

第三日的"洞天幽意"雅集选在青城后山的一个古磨坊里，流水其下，松竹蔽日。坊外炎热，坊里自清凉。因地方不大，仅设三席，茶人们各自采花拈草，起炭煮泉。溪边的石菖蒲、无名野花，都一并做了席中雅客。坊外虽游客络绎，坊中人自顾漫煮山泉，一一饮来，顿不觉人声聒噪，只听到坊下的流水潺潺。茶心、茶境，原是自造自谋得之。

值此良辰，林汲山房寒山子作《拟作五古咏青城茶会之洞天幽意雅集兼酬黎元子先生》："溟蒙烟水畔，来煎陆羽茶。涧底淙淙水，幽幽翠色发。澄以煮松风，侵盏绽乳花。炉烟起阵云，化作茂林霞。林下幽岩地，郁郁叶丛嘉。桢楠惟孤直，杉影绝不斜。瞬目群鸟喧，盈耳碧涛哗。素衣偕世隐，闲远发清华。共坐清风里，轻安即是家。此日遁仙都，一晌意无涯。"词意深远余芳，以此作为都江堰青城山一行的记录最好，我就不画蛇添足了。

下山归来，我把当日敲诗钟情景画在了紫陶壶上。这一场山间趣事就一直与茶汤做伴吧。

怀古经石峪

　　晓东在泰山脚下的姑姑家里烧好了山泉，灌在老式的暖水壶里，一路提着带我们登泰山。见过"青未了"石碑，过漱玉桥、高山流水亭、神聆桥，行至位于泰山斗母宫东北的经石峪，但见巨大的缓坡石坪上镌刻的《金刚经》迎面而来。

　　念想数千年前高僧安道壹在山崖上，面高山，背苍穹，临风而立，执巨笔饱吸浓墨，挥就这雄浑古穆的经文，一片禅心是何等的广阔无边。而雕刻的工匠将

字迹以双勾法勾勒出来，再一斧一斫地将它们镌刻在泰山上，又是何等的体贴细微，匠心可佩！

细看这些深刻在石间的字迹，每个字约五十到六十厘米大小，最后第十五行里有十来个描红双勾字，只勾勒出了主体轮廓，却没有深入雕刻。不知是何缘故使得这千古绝唱不得不中断了？石刻没有年月和书刻者姓名可考，但据专家考证为北齐高僧安道壹所书。当时北周"二武灭佛"，众僧侣们为护佛法不得不离开故土，虑及"缣竹易销，皮纸易焚；刻在高山，永留不绝"，故在迁移中把佛经刻于石崖之上。

关于安道壹的资料实在不多，唯《石颂》记里有如下记载："皇周大象元年，瑕丘（今山东兖州）东南大岗山……有大沙门安法师者，道鉴不二，德悟一原，匪直仪相，咸韬书工，尤最乃清，神豪于四显这中，敬写《大集经·穿菩提品》九百三十字……清跨羲诞，妙越英繇，如龙蟠雾，似凤腾霄。圣人幽轨，神□秘法，从兹督佛、树标永劫。"

石坡上有溪流流下，一些石壁和古老的经文上留下漫延的水痕。沿石坡盘的台阶缓步，四周青山环绕，鸟鸣愈静。山边有小屋，住着几位守护经文的老人，门口有青石板搭的桌，我们刚好借来吃茶。山泉在壶中依旧有足够的温度，淡檀香紫的野花包裹在卷曲的树皮中。正午时分，漫山的经文在阳光下散着光芒，我们在大树茂密的荫凉下，喝着一壶紫娟红茶，斑驳的碎阳自树叶缝间倾泻在青石板上，那只老青玉的盖置刚好沐浴在光亮处，茶汤里的干果香气，在静谧的午后缭绕不去。

瀹茶间隙，静静坐望山壁，凝望久了，漫山的字迹，似在冥冥中浮游虚空，化成光明点点，百千年暗，悉能破尽。

山以水为血脉，以草木为毛发，以烟云为神采，故山得水而活，得草木而华，得烟云而秀媚。水以山为面，以亭榭为眉目，以渔钓为眉目，故水得山而媚，得亭榭而明快，得渔钓而旷落。此山水之布置也。

十二品精神　山水乃舒心以畅笔　大为毛髮

以蛩雲为神采以山得水而活以

得蛩雲而靈媚多以一亭一树为眉目以

渔钓为媚也　故先得一亭一树為眉目以

體得渔钓為一變化也　一本置如一置如

語莫處皆点如以水崇土野橋亭榭以橋

远立路宓遠立峰圓謀本為眉目自曽

傳寄以便是精神東之懐以拈海樓叢室海東一

迎新语：席间亦如山水，草木野塘，亭榭石桥。远近疏密，遣兵调将，营谋布局，眉目间传达的便是精神。茶人怀山抱海，只管坐定瀹茶。

建水文庙一席"德有邻"

午后，建水文庙崇圣祠前古柏苍翠，碧空高旷。云随风动，熟透的柏子不知何时落满草丛中。俯身捡了十来枚饱满又干燥的备起，炉火已温，一会儿在茶会上正好熏得柏子香。

苏轼曾言："流而不返者，水也；不以时迁者，松柏也。"如此斯文重地，满院的松柏有"比德"之意，令人对古贤顿生崇敬。建水文庙是云南古城建水里一座历史悠久、气韵博大的文脉重地。始建于元朝至元二十二年（公元1285年），至今已有七百多年的历史，文庙完全依照曲阜孔庙的风格规制建造。

建水城，古为旧临安府所在地，元、明、清三代曾是滇南的政治、经济和文

化中心。建水文庙素有"滇南邹鲁"之称，每年有祭孔大典，各地乡贤学子汇集一起缅怀先师、追慕先贤，能在这里做一场茶会亦是多年夙愿。建水紫陶近年来多有茶器的创新设计作品，用本地的紫陶茶器、甜美的大板井水来冲泡云南普洱茶，可谓得"本山本水本茶"神韵。今年，恰逢云南科技出版社《云南普洱茶·春夏秋冬》出版十周年，出版社拟在建水举办茶会以做庆贺。吴涯主编与我一再商榷，经过建水许儒惠老师等众贤的协调，将茶会地点定在了文庙。

无上清凉云茶会担任了这次茶会的茶席设计及行茶，以儒家文化为主题设十二个茶席，茶席间把建水陶艺家精心设计的紫陶壶、盏、水盂、花器融入其间。各位席主皆细心设计备席，提前几天便到建水各窑口选茶器，又请文庙的园艺师备好应季的菊、松、竹等花材。中国人自古讲究草木有"品"有"格"，这几种花木都是花中上品，配得起文庙的文脉书韵。席布统一用深熟褐色，十二席在此基调上求变化，稳而不乱。

我之席名"有邻"，取"德不孤，必有邻"之意，比喻茶人以茶为媒，怀抱传递中国传统文化之美与生活美学理念的共同认知，才能不辞辛劳，相聚一会。席间用建水名家向进兴君的两件作品，一水盂，一花器，清供罗汉松、菊。进兴君的作品文人气息盎然，清淡泥色，将刻填装饰与器物融为一体。细微处用心剔透，可堪玩味良久。茶会开始，炉火正红，投几枚柏子进去，柏香顿起。顷刻，壶中水沸，冰岛古树茶茶香惑人。一汤既出，满座止语细啜。周围的席上也尽无声息，唯有松风啸啸，榄炭噼啪。

近年来一直提倡人文茶席的理念。何谓人文茶席？就是以茶为中心，以具有东方美学和人文情怀所构成的茶空间与茶事实践。今日以云南普洱茶为魂，以建水文庙这样一个具有深厚儒家文化底蕴的地方做茶境，以建水陶为器，融儒家文化入席，敬天惜物，体会茶事带给我们的美好，亦是人文茶席以茶为魂、以席为

媒之实践精神的真实体现。

瀹茶间柏香袅袅，不免感慨："流而不返者"是光阴，"不以时迁者"其实是我们骨子里深厚的中国情怀！茶如是，可入世。德不孤，必有邻。

甘露寺中且听清凉茶语

静，听得见雨滴从屋檐滴落到石板上细碎溅开，山泉在红泥炉上的银壶中微微作松涛之响。

古木楼里的一方天光微微泛青色，细雨自天穹密密落下，接近地面时却了无声息。不用抬头，知道对面的三席茶，国栋、汪云、茗仙和我一样在静候。近旁的两席，木白、志琼及每个茶席对面的五位嘉宾亦一致默默等候，心意相通。而临院亦有五席茶、一席香。一席流水席，人人都在候着。

茶鼓声渐起，如隐隐滚雷涌入耳中，是为吃茶之令。

提壶注水，壶中的山泉正是二沸，润茶、润盏，条索细长的景迈古树单株茶在青瓷盏中泛起生机勃勃的花蜜香，此香在微雨中将景迈古茶园的山野韵趣——

细致娓娓道来。今日瀹茶之水是甘露寺日常用的山泉，清甜甘冽，将景迈茶的甜润尽数发散开来。单株茶滋味清醇，今日之明火、山泉，湿润的空气，正好成就了它特性之完美。

五巡茶过，再添水加炭，顺便添几根松针在炉边慢慢烘着。此松针是席上插花修剪时落下的，不忍弃之，便学古人拾柏子为香之典。茶席用香其实不必骄奢，户外茶事，取自然之香更有韵致。慢慢烘出的松香味道，在湿润的空气里愈发悠远漫长。

松与甘露寺之由来颇有渊源。第六辑茶会筹备之初，且饮且读兄仔细介绍了甘露寺是九华山四大丛林之一，坐落于九华山北半山腰，原名"甘露庵"，又名"甘露禅林"。清康熙六年（公元 1667 年），玉琳国师朝礼九华，途经此地，赞曰："此地山水环绕，若构兰若，代有高僧。"时居伏虎洞的洞安和尚闻之旋即离洞，并得青阳老田村吴尔俊等人资助破土建寺。动工前夜，满山松针尽挂甘露，人称奇迹，故得"甘露庵"之名。故迎新茶席取"身如琉璃松间露"为题，想尘世酷热，佛法譬如甘露，可度苦厄。今我辈茶人恭敬事茶，托一瓯清凉在红尘中予人安宁、清静，期冀茶亦可如甘露，润人、润己，观人、观己。君不闻，《宋录》有记："新安王子鸾、豫章王子尚，诣昙济道人于八公山。道人设茶茗，子尚味之，曰：'此甘露也，何言茶茗？'"。

前日与且饮且读、桓迦、砚田一起登山探茶，采得青青松枝，正好应和迎新茶席主题"身如琉璃松间露"。旁的席，有木白以白石青苔、铜灯笼营造的山水小境。布席时木白在灯罩上洒了点水，这会儿，在烛火烘烤下，水滴该是化做白雾飘散去了，一期一会，即生即灭的茶境正是他的主题"露"。志琼的席上有莲，有一叶绿荷，叶下的她定是笑意盈盈地斟茶传盏，温暖了席间的饮者。对面的茗仙气定神闲，素衣素颜，景迈茶在她手中定是一番美滋味。汪云用碗泡的此茶滋味又当温润许多。白衫蓝褂的稻谷草屋国栋，席上的插花是红枫，采自藏学师傅的堂前。藏学师傅和蔼可亲，融禅机于诙谐谈笑间，茶会前夕为众茶人说法论茶，令闻者受益良多。临院里，芭蕉滴翠，静荷无语。琴音飘来，是疆蕾、张霓、王栋在抚琴吗？箫声起了，是清欢在木楼上遥送音韵吗？

隔壁院里，芭蕉下的茶烟怕也是染了轻绿，枝红的香席上幽意静好，烟随篆走，缭绕在白石青苔间。静清和的那几只粉盏是谁在饮？四季轩主的躬亲手制茶匙与谁结了缘？老崔雕版下的那

段经文未及细读，茶间定有人把盏轻颂，栖谛的茶汤在"北斗七星"里可是灿若暗夜明灯？福樱席上的一枝青荷可曾尘外藏心？阿昌在龙象台背临千山万壑，瀹茶手法可有了些山川气概？这些片羽在茶会结束后久久萦绕在心头，似是神思飞越，一一重读已见未见的茶境，像是看见古木楼下专注瀹茶的自己。

换上朱泥紫砂壶，两粒20世纪90年代的小熟沱茶在壶中焖泡片刻，汤色浓妍如琥珀色，盏面聚起乳白的水汽。这一瓯茶汤在雨后的古木楼中生发出旷远之韵，若前一道景迈单株古树是欢喜、清静的当下，那这就是密实陈酿的过往。万虑消沉，茶汤替茶叶说话，瀹茶的人，大可沉默了。

今日的席，本色麻布为底，饰同色手织麻布，两条手织的不规整之淡黑线条破其寂寞，大小不一的两只黑

色大漆根曙木盘为壶承、匀杯承，自己设计的建水紫陶匀杯。汝州朱家的汝窑盖碗瀹景迈单株古树，手拉朱泥小壶瀹熟茶与老生普。宁波一凡兄手制的茶则、北京四季轩刘老师手制的茶匙，老竹子的皮壳竟然是一模一样。装茶具的竹提篮做了斜插松枝的花器，路过上海时在云洲古玩城地摊淘的一只磨砂小盏是茶烛碗。玻璃圆盏，玄黑盏托，开席前是剔透冰封的模样，与松针间的"露珠"相应。其实，这只是茶席释意的上半阙："青松针，挂甘露。身如琉璃，明彻净，大愿行。"意为追思甘露寺之缘起，感念佛菩萨行愿大千，救人水火之愿行。

安然的古木楼，苔绿的天井，静好素朴的席面、茶具、烛光，温暖的笑颜，落入瀹茶者、饮茶人的眼中。若有若无的松针香，注水、出汤之际，乳白的水雾挟着纯净的茶香飘至我们的鼻中，是细致的嗅觉体验。雨声、茶鼓声、琴声、箫声，低语的的茶话，一一路过我们的耳边，是递进的事茶音韵。待温热的琥珀色茶汤倾入，玄黑里托起一盏流动之温暖，举盏细啜，清晰感受茶汤从舌尖荡漾，滑下喉咙，温暖至丹田，从味觉之愉悦生发欢喜之心。在茶事的细节、过程里体味茶的流动之美，体味人与境、与人、与器的和悦之趣。这些方是设席事茶之最终目的，亦是人文茶席之真实践行！

这盛了茶汤的席是我想要的下半阕："瓯中茶，人间甘露，观己润心。"

安静出汤、分茶，松针的香隐隐飘远。良久，听见身旁的人细语："真好闻。"此情此景，犹如天作，一切因缘而生，顺缘而成。无上清凉云茶会历时六辑，每一次都喜结善缘，得诸多相助。感恩之际唯初心如故，方不负这云聚之饮。

雨住了，第三道茶的茶时到了。带着梅子香的普洱生茶的滋味层层叠叠在舌尖展开，在心头荡漾。是今日安闲拟古之意，明朝之活泼生机？这样的茶、这样的席，这样的人，曾在西园里自在逍遥？曾在妙喜山中酬答知交？或许，我们的先人曾经拥有的风雅与人文情怀，从没有失去，只是久藏，在日月里厮守在血脉深处驻留，终有绽放之时。

茶鼓再起。第四道茶，是席主体己茶的时间。虽一直觉得"独饮是人生最为体己的时刻"。但此间分享才是体己茶最温暖的心意。一时间众人行游"乞茶"，席主们笑意盈盈，十二个茶席瀹的是不同的十二款茶，谁都想尝个遍。这时，为茶会一直司水、司炭、现场调度、摄影的茶人们也才来得及饮上一盏。甘露古寺茶缘深矣。尘世碌碌，佛音慈悲。譬如甘露，点滴清凉。茶亦人间甘露，涤尘润心。吾辈茶人，结缘九华，恭敬事茶，观己观人，感恩无限。甘露寺中，且听清凉茶语："此甘露也，何言荼茗？"

昨日夜里，担心了一宿的雨，原来是涤尘的清凉慈心。

第十二品

远山无皴，远水无波，远人无目，非无也，如无尔。

第十三九 不及

遠山無皴遠水無波遠人無目那

無如金爾

迎頭迷海寮有致遠近分明

浩遠之沈里麿夏如無波之致

無皴乃山水無波無皴乃其理

之理也　丙申年硯田書

迎新语：疏密有致，远近有别，浩远之况，思虑复加。无波之水，无皱之山，非无波、无皱，乃吾目之不及。

临济寺拾了几朵菊蕾

"秋深游临济寺，菊英初放，花蕾重叠。一僧黛青灰袍，且行且顾，不时俯身掐枝疏蕾。余嗅蕾含香，不忍化泥，拾得十数枚，日后荫干可入香。"去年的一段文字，在将菊蕾微微焙过、磨碎合香时想了起来。

乙未秋日，参加赵州柏林禅寺庙的"百人茶席"茶会结束，与砚田专门到古城正定探访。先到隆兴寺拜观"倒坐观音"、摩尼殿里仰看宋式木梁结构，又拜

广惠寺多宝塔、天宁寺凌霄塔、开元寺须弥塔。最末去的临济寺，也是最向往之处。六祖惠能之后，禅宗"一花开五叶"成临济、沩仰、曹洞、云门、法眼宗五家教派，以临济宗门庭最盛，临济寺是为临济宗的祖庭。

寺院占地不大，游人稀少，寺里清净安宁，还是不收门票的寺院。进寺，几株古松环绕着八角九级密檐式的澄灵塔（又被称为青塔），便是供奉义玄大宗师衣钵之处。塔身建在八角形石基上，斗拱和莲瓣雕成的两层底座托起塔身，砖雕的拱形门、窗，细节刻画得非常精致。再往上方，每层都镶有琉璃的檐瓦，边角都着琉璃脊兽。1933 年梁思成曾经说："这青塔在正定四塔中为最小一个，但清晰

秀丽，可算塔中上品。"塔高入云，塔下松荫清凉。《临济录》曾记："师栽松次。黄檗问：'深山里栽许多松作什么？'师云：'一与山门作境致，二与后人作标榜。'如今松柏青茂，峭峻门风尤在。"

从澄灵塔往前不远就是大雄宝殿。大雄宝殿东侧有座供奉菩提达摩大师、六祖慧能禅师、义玄禅师三位祖师像的"法乳堂"，堂门紧锁。石阶干净，便从旁边的开水房接来热水，趺坐吃茶。"法乳堂"前也种了柏树，树下空地种了老品种的菊花。几朵玫紫的菊刚刚开放，很多还在打花苞。一位师父从堂前走过，边走边观察花圃，不时蹲下身来摘去几个花苞。他摘完这两片花圃，又走到另一个花圃，想必是专门为秋菊疏蕾——如果花苞过多，养分不够，菊花往往开得不够好。过去捡了些花蕾，握在手里已经有着清冽菊香。静静泡了一壶熟普洱茶。寺里的师父们难得露面，偶尔走过来一位，好奇地看看茶具，请他一起吃茶，却不好意思地走开了。

空寂的古寺，唐代于此驻锡开宗的义玄法师那些充满机锋的棒喝和问答浮现出来。《临济录》中的一段段文字，在北方黄昏的灰黄色调里，直指见性。愚钝如我，

却不能参到半分，只在此处趺坐吃茶。

《临济录》云："赵州行脚时参师，遇师洗脚次。州便问：'如何是祖师西来意？'师云：'恰值老僧洗脚。'州近前作听势。师云：'更要第二杓，恶水泼在。'州便下去。"

《临济录》下卷讲究悟后"无修"而修："无事是贵人，但莫造作，只是平常。你拟向外旁家求过，觅脚手，错了也。只拟求佛，佛是名句。你还识驰求底么？三世十方佛祖出来，也只为求法。如今参学道流，也只为求法。得法始了。未得，依前轮回五道。""无事是贵人，但莫造作，只是平常。"修行如是，习茶也是同理。"白牛之步疾如风，不在西，不在东，只在浮生日用中。"这一句也是痛快的大机大用之语。

《临济录》有一段提到了茶："到襄州华严。严倚拄杖作睡势。师云：'老和尚瞌睡作么？'严云：'作家禅客宛尔不同。'师云：'侍者点茶来与和尚吃。'严乃唤维那。第三位安排这上座。"从这一句可以看到晚唐时期，点茶已经和煎饮一样流行了。

《中国唐宋茶道》研究者梁子先生考证过法门寺地宫出土的唐代茶器"更多的就是茶道的特征"。从春秋战国到盛唐大宋，梵音古刹，伽蓝鼎盛的正定古城或寺院里，曾经有多少和茶有关联的事情，没有记录，也没有人知道！

寺庙门口又请了一册《临济录》。归来，将拾得的菊蕾晾开，夜煎枣汤代饮，乱翻书卷亦有滋味。丙申惊蛰后将此菊蕾在火上隔纸微焙，磨粉合入香中，我想这一点气息会久久缭绕。

隔年春天槐花开时，张迎军先生在正定城里筑了一座"焦林茶空间"，邀得韩国、新加坡、中国台湾和大陆几位老师一起来共同探讨"茶的初心"。故城依旧，古塔依旧，一群人每日里茶话至夜深。再访临济寺是将要离开正定的那天上午，张迎军先生在当日开水房旁的厢房里设了茶席，来自五湖四海的茶人围坐下来喝了一壶古树生普洱茶，茶汤杯底之香尤好。茶罢，众人在寺门前相互告别。这一场星散云聚，想必也是若干年前的兰若因缘。

远去的拙政园

再次在拙政园里静静吃一席茶，间隔上一次已经三年。

参加过苏州本色美术馆陈翰星馆长的"本色茶会"，抽暇去听了昆曲、评弹。两日后是海棠和芳芳在拙政园筹办的孝文家茶"牛肉"品鉴会。园子里有老友三余小筑几年未见了，心想可以一起邀他吃茶。

三年前取道苏州赴安徽九华山时，与寒山子、枝红伉俪、木白、寂寞林风在苏州盘桓两日，老友三余小筑带我们在拙政园吃茶观景，好不快活。神交已久，那次是第一次见面。他年纪不大，对园林造景和小品盆载却喜欢深究，清瘦文气，性格又温和。我们吃茶的花厅外是个小院子。院内独立一棵梧桐，枝干匀称，叶片不多，却翩翩有致。

游园出来，他带我们去他家里。住宅小区的一楼，有温良的妻与可爱的儿子，平凡而温馨的人家。后院是细长的小园，也就是"三余小筑"一池流水一阁半亭。花木打理得错落有致，园子里除了松、竹、梅、兰，还有不少菖蒲。知道我爱菖蒲，临行时赠了两盆虎须。这两盆蒲草我一直放在随身透气的茶篮里，下了九华山又带到了景德镇再回昆明。

尔后，时常见他在微信里分享拙政园杜鹃开了、红叶黯淡了，或者是完成了小黑松的整形。他守着心爱的园子，安静得就像当日的那株梧桐树。

"牛肉"品鉴会的地点在画舫上。我和玉梅到得早，就找到当日喝茶的院子设了简席，煮水吃茶。这个小院不是主要的观景区，游人稀少，所以茶也喝得安静。

发了信息给三余小筑，说了下午茶会的地点，请他看看有没有时间来吃茶。知道是上班的时间，所以怕他为难。画舫上的"牛肉"品鉴会一直到下午。海棠与芳芳各自主持一席，竹音堂主的一曲《梅花三弄》清冽中有玲珑意，冰寒里藏埋着素心傲骨。茶会结束，余兴未了，与学生又在九曲桥的小亭子里泡了壶老红印，喝到尾水。

晚上回得晚，第二日在微信中他抱歉未能一起吃茶。回信说："我看见的，你们在九曲桥边拍照。未敢叨扰。"但他一直说没关系，还有机会。我想也是。苏州每年会来几次的。他是爱安静的，下次人少时不妨再聚。

没料及，五月初突然得知他出了意外，竟已无救而去。翻看记录，那一句"还

有机会的"竟是永诀。泪下。

拙政园里的冬夏春秋依旧在他的微信里。他走后，"三余小筑"里的那些花木可还苍翠？年轻的妻和幼小的儿如何承受？想到这些，我深感无力。很多时候，一别，便是一生。毫不在意的道别，可能会是一生里穷尽的回忆。去的人，早已去；经的事，早已愈合无痕；活着的，知道无常。

一天，他的微信更新："你弹琴看书写字画画，你插花玩盆养盆景……愿你在那个遥远的地方继续做喜欢的事情。我就当天妒英才了！我就当你去实现周游世界的愿望了！老陆，一路走好！"

痛而旷达的告白！最末的这条微信，是他的妻子发出的。

他赠的菖蒲已在"一水间"露台上长得很茂密。

第十四品

人须养得胸中宽快，意思悦适，如所谓易直子谅油然之心生，则人之笑啼情状，物之尖斜偃侧，自然布列于心中，不觉见之于笔下。

第十四之可容

人須養得胸中寬快，意思恬適，如一心

理易直子諒油然之心生，斯天之喋嘛

情於物之累解，偃倒自然布列於心中之

覺見之於掌上

此就讀寬容去先是滌養個秋錦

違礙朗天清，坦所之有中亦無世塵之菜佳妹

之語

丙申年 閱田書

迎新语：宽容者，先是滋养个我，豁达开朗，天清地明，手中亦无块垒之茶，促狭之水。

桃花源中广南茶

癸巳年初一，与家人驱车赴广南老友家相聚，次日去心羡许久的坝美。

坝美素有"世外桃源"之名，需乘舟过水。舟如扁叶，狭长，一舟不过坐三人。乘舟洞穿山腹，黑暗幽冥间唯闻橹声清越，洞内冷寒，却无水腥气。兴起，燃起一枝老山檀，自觉香味素寒，与平日不同。十余分钟后方见光亮，洞口蕨草幽绿，苔藓滴翠。

弃舟登岸，眼前豁然。群峰环绕，河流潺潺，桃花灼灼，菜花灿灿，端的是春讯早播，老天眷顾之福地。《桃花源记》中的桃花源也莫过如此。

入住山崖壁间之客舍，居高望去，满寨子风光遍收眼底。远有水车、茅屋、风雨桥、磨秋，壮家男女嬉戏其间。近闻鸡鸣猪喧，偶有过年之爆竹噼啪作响。

起炉具煮水，瀹老友带来广南特有之藤子茶。此茶并非茶科植物，乃山间野藤所制，连叶带细杆，每年仅一个月左右可采。山民自山崖采来制成茶，茶汤微带青草气息，饮后口内回甘，喉间爽润。广南地界水土丰美，物产富庶。坝美后山产茶，村民各家有五六亩茶地。自制的晒青毛茶条索肥壮，茶汤黄绿透亮，滋味清醇，唯耐泡度稍差，疑为树龄不高之故。

后又于集市上购得底吁所制竹筒姑娘茶。它是将晒青毛茶填入糯米金香竹，白泥封口烤制而成。回家后试瀹，茶汤有焦米香，感觉火烤之温度稍高，然茶筒上的说明文字注重抗菌健胃、消食醒酒之效，应当是底吁有地域特点之制法。云南版纳、大理南涧等地都有竹筒茶的制作，皆取香竹为茶家，以火烤青竹身，使竹汁渗出被茶叶饱吸，竹膜包裹茶叶，一般适宜久存后饮其陈韵竹香。底吖的制法使得茶与竹皆具焦香，然并未焦灼，拿捏出对肠胃极好的一个品饮时段。

去年老友曾赠广南者兔乡所出九龙山乔木古树陈年青饼，今冬再瀹，滋味饱满，回甘不输古六大茶山之茶。此行之际常见云雾绕山，方知亦为蕴茶之地。写游记，一提及茶便拐了弯去，茶人痴癖也！

是夜，秉烛吃茶，接近午时，山村里爆竹声不绝于耳。

次日，仍自乘舟穿洞，依旧黑得似丢了眼睛。出洞口回望，不过一线洞天。不知当日古人是如何勇气百倍地入此洞穴，才探得那一世桃源良地。离开洞穴，路上的车马声，提醒着重返人间的人：黄粱已熟，大梦也该醒了。

戈根塔拉草原上的茶席

第一次到内蒙古没想到是茶的缘故。华茶青年会在内蒙古四子王旗戈根塔拉草原组织"华茶青年草原茶席大赛",让我去做评委。总是感叹现在飞行的便利,遥远的未至之地,其实也就几个小时。草原的空阔对于久居高原的人来说很新鲜,天空变得很大,蓝得人心思全无,只想静静地躺着。我们住的蒙古包,一半是落地玻璃,躺在床上就是满眼的蓝天。

茶原上风大，我们出门都用围巾把头发包起来。草原上的哈达是宝蓝色的，这样鲜艳的颜色在城市里很少敢披在身上，但在戈根塔拉草原干净的天空下，这蓝色很是适合。草原上没有高德树木，只有低矮的小灌木和草。仔细看看，草丛里有黄色、白色的雏菊。雏菊真是一种柔小而又极坚强的植物，从家里楼下的花台到西双版纳到终南山到草原，每一个地方几乎都能见到她的身影。唯一不同的是，草原上的雏菊长得要更低矮一点。采了两朵，插在临窗的桌上，摆开随身带的茶具，雏菊就成了我的茶席花了。

戈根塔拉草原海拔最高处有 2100 米。我试着烧了一壶水，水温估计只在 92 度左右，水里还会有点淡淡的咸味，要把茶泡好不容易。几位评委一起讨论商量着，第二天的茶席大赛茶汤的分数占的比例不低，应该让青年茶人们学会在不同的环境下如何泡茶。

黄昏时，草原下了一场雨，马上又晴朗起来，一道彩虹挂在天边。大家欢喜地惊呼起来。这道彩虹持续的时间特别长，天色墨蓝下来才慢慢散去。漫天的星星似乎就挂在蒙古包的顶上，似伸手可触。

草原的天亮得特别早，茶人们早早就起来备席。平日里要寻找一块空阔的草地做茶会可能要走很远，这里的天地真是无以复加地慷慨。平坦的草原上几十个茶席就地散开。有的席主用拾到的枯木做花器，以草原上的野花和枯枝为配；有的带来江南的青苔盛在盘中，说带些春天的气息过来。因为水温低，大部分的席主选择了绿茶作为主泡的茶品；还有的将茯砖直接慢慢熬煮，茶汤的厚滑度出来了，即使在水温非常容易降低的情况下也保证了茶汤的质量。

一方水土养一方人。草原牧民喜欢将茶煮来喝，是和他们生活的习惯、自然风物息息相关。茶事也讲求随遇而安，在什么样子的环境条件下，都能找到茶的乐趣。草原上空间辽阔，户外茶会用通常的手法瀹茶不容易聚气，茶汤质量难以保障，可以用煮的变通办法；草原上风力迅猛，茶席上与其使用高的花器不如选低矮甚至是俯伏状的插花，吃茶的人席地而坐，目光所及也会很舒服。

我们一席席看过去，喝过去。幕天席地，草原上的茶会更多了自在的味道。喝得畅快时，有人忘情歌咏起来。生活可以在别处，茶也可以在别处。

和父亲一起喝茶

春茶的芽尖从树梢冒出来的时候，我在勐库布朗人家的火塘边喝着一筒刚烤出来的青竹茶。

新鲜的青竹筒灌满山泉再塞进一把鲜嫩的茶叶，就那样在火苗上蒸腾着热气，水开竹焦，混合着竹茶之香的茶汤入口甘甜清新而特别。虽第一次喝如此香郁的青竹茶，却亲切而不陌生。小时候看父亲书里写的竹筒茶，就是这样的味道、这样的场景。

　　父亲写竹筒茶是 20 世纪 80 年代。那时在省茶叶公司供职的父亲怀抱着对云南民族茶文化的浓厚兴趣，开始了一次完整而艰难的"云南民族茶饮之旅"。他驱车五千多公里，几乎跑遍了云南的茶区，考察了南糯山上僾尼人用特有的"南糯白毫"煮出别具匠心的"土锅茶"，基诺族用新鲜茶叶和酸笋、酸蚂蚁、大蒜、黄果叶、盐巴拌出来的"拉拨批皮"——"凉拌茶"，老巴达乡布朗族的"青竹茶"，澜沧拉祜族的"烤茶"，佤族的"烧茶"，一直到大理洱海边白族的"三道茶"。它们在父亲的镜头里和笔下让我看得无限向往。

　　或许儿时家里弥漫的茶香和父亲满注着深情的爱茶之情，在不知不觉中熏陶了自己。多年以后，我也踏上了寻访云南茶文化之旅。20 世纪 90 年代父亲递给我一袋普洱小熟沱时，并没觉得它有什么奇妙，每天扔一只在茶杯里用滚水泡开，深褐透红的茶汤让很多同事误以为我是在喝中药。天天喝，普洱茶醇厚饱满的滋味慢慢让味觉有了依赖。后来，开始怠慢了铁观音，也惹得周围一帮朋友爱上了普洱茶。

　　当年暑假跟父亲到下关茶厂，住在厂里招待所里。抬头就看见窗外青黛的苍山，低头就是忙碌的茶厂车间。车间里热腾腾的白雾里满是茶叶的味道。蒸好的散茶用白纱布包裹好，放在半手工的机器下一压，一个中间有圆凹的沱茶就压好了。那时茶厂门口的小卖部里没有女孩子爱吃的糖果瓜子，只有一沱沱圆乎乎的茶。买的人似乎也不多，小卖部颇有些冷清。现在，这些当年寂寞的沱茶早成了好茶人追捧的宝贝了。

　　越来越喜欢普洱茶后，也常常在家里和父亲一起泡开不同的茶。有的时候四五种茶一齐摆开，奢侈是奢侈，不过听他仔细地讲解着每一种茶的优劣和特点，是一个难得的学习机会，也成了周末家里晚饭后的一大习惯。每次我写到什么茶，父亲听见了总是会翻出很多资料。有些图片已经发黄，有些图片开始变得模糊，惟独他的记忆很清晰：哪一座山，哪一树茶，哪一个民族烤的茶最香，哪一种民族用什么样的土陶小茶罐，父亲都了如指掌。2006 年初，随父亲一同登上困鹿山古茶园，年迈的父亲步履矫健，甚至在山麓溪流间走得比我都稳当而迅捷。抚摸着困鹿山古茶树仍然壮硕的枝干，爱茶一生、阅茶无数的父亲开心而满足地笑了。

有一年春天，父亲攀上了勐海城西边巴达的大黑山，发现莽莽丛林中一棵苍劲的老树徒然横卧在山中。向导说这棵树是被雷击倒的。粗约一百公分的树干，经历了几千年的风霜雨露，不知道在哪一个雷电交加的雨夜轰然倒下了。没想到的是，在它倒下的时候，竟然还压倒了身边一棵老茶树，一棵直径近七十公分粗细的茶树。它也是经历了上千年的岁月，如今枝叶已腐在泥土中，树干却依然完整，树皮完好，斑驳如昔。

父亲请向导找来附近的村民，截下一段树干。十多个精壮的汉子连拖带拉，到天黑才把它运下山来，又辗转运到了昆明。父亲请来云南木雕之乡剑川的木雕艺人李士贤先生精心雕刻成了两尊茶叶始祖神农像——茶神像。一尊是全身的，端坐的神农鬓发飘逸，腰间围绕着树叶裙；一尊是头像，一样的鬓发飘逸，美髯如梳。神像下面是树身，还保留着部分古茶树的树皮，更显沧桑。

天下嘉木无数，不过以古茶树雕就的茶祖像，又是父亲亲力亲为，恐怕是天下绝无仅有，尤其珍贵。每每在"一水间"，为雕像拂去尘埃，默然端看，莫不怀想起那些遥远的茶山和茶树，怀想当年这古树上招摇鲜活的每一片茶叶。

后来，我在双江勐库大雪山的原始森林里穿行，寻觅一棵棵散落的古茶树，几百年的，一千年的，两千年的。看着生机勃勃的古茶树就这样在密林中沉默而桀傲地生长着，我有些眼湿。伴着发现的喜悦，脚下的山路越来越崎岖陡峭，这才体会到当年父亲深入各大茶山收集第一手茶树资料的不易。明前三春，满山的古茶醒来了，像是父亲早就结下的故友，也是我今日喜逢的新知。莽莽青山，蕊蕊新芽，年复一年，依旧岁岁芳华。

第十五品

一种画春夏秋冬，各有始终、晓暮之类，品意物色，便当分解，况其间各有趣哉！

其它不消拘四时，而经史诸子中故事，即又各从临时所宜者为可。

第十五品 和季

一種春夏秋冬各有始終晚暮之數品之以物色便當以解說之當令有趣哉人生之本清於四時而經史諸子中故事政文多從語時所宜者為可選我謂茶為釋生日用所以此四季專屬物可用於茶會茶事中

丙申年硯田書

迎新语·茶为浮生日用，所以此四季之味均可用于茶会、茶事中。

青石板上烤新茶

　　清晨，邦马大雪山白雾笼罩，公弄村的村民们已三三两两背着竹筐出村采茶了。村口有一棵特别高大而古老的大树，一位白发苍苍的拉祜族老人在经过树下时，对着老树虔诚地弯腰合掌，然后慢慢走远。云南很多少数民族的寨子都会有一棵"神树"，这棵也许就是护佑着公弄村的"神树"吧。

　　公弄是勐库种茶、产茶历史最悠久的村子之一。古老的茶树从河边几乎长到山顶。因为树长得高大，人们要爬上树采茶。树与树之间没有什么界线，不过人

们对自家的每一株茶树都记得清清楚楚，不会出现混采的现象。公弄的茶树发芽稍晚，勐库许多地方"头拨"茶都结束了，而公弄茶才开始采摘。3月底，这里的茶叶粗制所才刚刚"开秤"收鲜叶。"开秤"在当地人心中是件重要的事，还要先举行庄严的祭祀活动。茶农和收茶的人都希望今年的茶能卖个好价钱。

黄昏时，采茶人背回了一筐筐鲜叶，没有见到那位白发的老人——她走得慢估计回来的要晚些。晚饭后，白天采的茶叶被背到初制所。一市斤鲜叶的价格是8.1元，比去年几乎翻了一倍，一筐鲜叶重量有四五十斤。茶农们很高兴，他们说如果接连几年有这样的好价格，就可以盖新房子。鲜叶摊开在竹席上晾着，半夜里开始用机器杀青，杀过青的茶叶柔软了很多，散着特殊的青茶味道，满院子都是茶香。第二天早上太阳出来时，露天的空场里一张张竹席摊开，茶叶在阳光下慢慢卷曲干燥，芽尖是银白的，叶片是微微的墨绿灰色。晒干了的毛茶装在大麻

布口袋里，是省城里早有人订了要收的。

村里人喜欢用土罐烤晒青茶再用滚水冲了来喝。不过明前春茶能卖高价，他们自己不舍得喝。聊起公弄的茶话，公弄的老人们还清晰地记得：旧时大理茶商曾在公弄旧寨子里建过茶厂揉制团茶，有半斤陀、一斤陀（那时的"陀"表示圆形，不是今天沱茶之"沱"）。然后用当地出产的一种笋叶成筐地包装起来，用骡马运走。民国时期公弄寨子遭了一次火灾，几乎把全寨烧光，老号茶厂一夜之间变成了灰烬。

几百年来靠着茶树盖新房、娶老婆、养活一家老小的公弄人和茶息息相关。满山的茶树年复一年发芽、开花、结籽，枝干一年年也粗壮起来，上百年上千年，担当起了这个偏僻的山村的衣食住行。我们在一张四方的木桌坐下，直接抓了一撮新茶来泡开，喝上一口，带着新茶特有的青味，却没有一点生涩或苦气。茶汤甜甜化开在唇齿间，叶片在大土碗里舒展开来，最好看的是那肥美的春芽嫩尖尖。不过，滋味却还是没有头天晚上在茶农家里用小土罐烤了再煮出来的醇厚。

离开公弄，拜访拉祜族老人扎阿家，没想到却见识了另外一种炒茶和煮茶的妙法。

宽敞的院子与近处的树木连成一线，又看得见远山。进门处一架挂满大大小小葫芦的葫芦藤，红泥垒的高墙，墙边有满满一竹篮刚采回来的新鲜茶叶。我拈起一枝看看，芽头毛茸茸的略为弯曲，叶片硕长两头尖尖，如鱼腹状收拢，是典型的冰岛长叶种的叶型。拉祜族老人扎阿坐在院中的小板凳上，吟唱起一支拉祜古歌。歌声不是单纯的述说，有的音调拉得很长，像祈祷又像是在倾诉，隐忍而低回。老人唱歌的时候，看着远方，好像身边并没有我们这些外来者，如同暗夜里一位旅者在曲折山路上的独自低吟。

我听不懂歌词的意思，却能从他微含泪光的眼睛里读到一份深沉的感慨与感恩。曲终，我请老人说了歌词的意思：有一个能文善武的首领叭岩冷，带领族人征服异族部落扩大疆域。异族首领收买小人毒害了叭岩冷。叭岩冷死后还惦念着自己的族人，在天空远远传话："我走了，但还挂念你们，放心不下你们。我想

给你们留下金银财宝，但你们总有一天会用尽；我想给你们留下牛马牲口又怕害瘟疫死去。我就留给你们'腊'吧（从此，与种茶有关的傣族、布朗族、佤族、拉祜族都把茶称为'腊'）。让你们子子孙孙、世世代代就吃树叶穿树叶吧！"说完后，叭岩冷化为一道亮光缓缓消失在天边。第二天，人们惊讶地发现村子内外长满了从未见过的小树苗，这就是茶树。这个故事以前在书本上看过，并不觉得奇特。但听扎阿老人满含敬意而深情地道来，却让我们的心情久久不能平静。

老人的孙女娜儿来招呼我们过去看她妈妈炒茶叶了。一行人围拢到灶房里，看到炒茶叶的"锅"竟是一块 30 公分长宽、1 公分左右厚的青石板。石板的边沿早已被摩挲得棱角尽失，油亮润滑。炒茶的那个面是光滑的，还微微凹下去。一问才知道这青石板在她们家已传了几代人，加起来有近百年的历史了。三坨卵石垒成了石板下的灶台，柴火燃得正好，窜出的火苗舔着石板，片刻便冒出青烟。女主人将一把茶叶撒上去，用木勺和手一起不停地翻炒着，秀挺的叶片在石板上迅速回软，散出清爽的茶香，一"锅"好茶就这样出炉了。旁边的火塘上早备好了一只土陶茶罐，炒好的茶叶放进去，加上山泉水煎煮起来。女主人把石板上的茶叶焦沫掸去，顺手又拿起一缸子金黄的荞面糊糊，浇在石板上，"滋滋"响着凝结成薄薄的荞粑粑——原来是给我们做佐茶的茶点呢！

煮好的茶汤香气袭人，飘着星星点点的焦沫。扎阿老人端起土茶碗，逐一向我们敬茶："上天赐予我们拉祜人茶叶，喝了它可以增福无量，消灾减难。" 敬一个人唱一段歌，然后把茶碗捧到我们手上："远方的朋友来了，请和我们一起喝下它吧！"老人把茶碗捧到我手上，笑眯眯地看着我一饮而尽。饮下，才发现这焦香的茶汤微微苦涩，难怪要配一块荞粑粑蘸蜂蜜。如此，才得苦里有甜，回味无尽。扎阿老人在葫芦架下吹起芦笙，一身拉祜盛装的老婆婆舞蹈起来。这高大的土墙下歌舞着的老人，才是世世代代与茶共生的"茶人"！

第十六品

佛家谓自在无碍，而常不失定意。《景德传灯录·池州南泉普愿禅师》："（普愿）扣大寂之室，顿然忘筌，得游戏三昧。"

申十二品 三昧 佛家語自在力無畏而考

不失室三 悬德德鳖錄池州南泉善

昆祥師拈大宝之室頼諸忘鉴得趣

戏之味 迎利很之三昧者下室李心

抱愈末自主無尚茶曾之味至趣

鉱境地心文化之長夜無車有美

丙申年 硯田書

丙申年 硯田書

迎新语：三昧者，正定，本心，游戏者，自在无碍。茶间三昧，至游戏境地，以文化之。长夜无年，有美星悬。

大理感通寺里的茶与诗

　　妙香古国大理的点苍山上有十九座山峰、十八条溪流。山顶终年积雪，山腰云雾缭绕、草木苍翠。山林间坐落着几十座古寺，掩映在圣应峰树林间的感通寺是其间最大也是最早的古寺之一，亦是感通茶的发源地。感通寺旧称荡山寺，据《荡山志略》记述，"点苍山荡山寺始建于汉重建于唐"。感通寺在明代就植有茶树，有僧人制茶，有烹茶的方法，甚至还有一口为茶而建的井——寒泉。"岳麓苍山半，波涛黑水分。传灯留圣制，演梵听华云。壁古仙苔见，泉香瑞草闻。

花宫三十六，一一远人群。"这是明末的云南状元杨慎为感通寺记录下的诗句。"世人慎勿轻茶童，万事无如水味长。"这两句亦是著名的担当和尚在此写下的茶言茶语。

感通寺历史久远，历经沧桑，几经兴衰。明洪武十五年（公元1382年）住持无极禅师赴南京朝拜太祖朱元璋，敬献了白马和茶花。无极禅师面帝时忽然马嘶花放，一片祥光笼罩。太祖甚喜，当即赐宴招待，并赐与袈裟一件，赐名"法天"。无极禅师离京时，太祖赋《僧居点苍》诗相赠，并御授无极禅师僧纲之职。太祖诗曰："碧鸡莺转恋花打，影射滇池鱼尾过；现秀两间磅礴盛，英华三界屈蟠多。诸葛六军擒孟获，颍川一鼓下样打；僧修百劫超尘世，抚鹿松阴卧绿莎。"无极回大理后，将太祖所作的十二首诗镌刻立碑，成为感通寺历史上的重要文献。藉此，后来担当和尚撰就了对联："寺古松深，西南览胜无双地；马嘶花放，苍洱驰名第一山。"

大理感通寺的感通茶最初源于寺院中，因寺而名，是云南享誉较早的地方名茶。感通茶树具体的种植年份无法考证，但在300多年前的1639年3月，旅行家徐霞客对在感通寺看到的茶树作了描述："中庭院外，乔松修竹，间作茶树，树皆高三四丈，绝与桂相似。时方采摘，无不架梯生树者。茶味颇佳，炒而复爆，不免黝黑。"《明一统志》也称："感通茶，感通寺出，味胜他处产者。"万历年间，谢肇淛在《滇略》一书中说："茶，点苍感通寺之产过之，值也不廉。"明代李元阳在《大理府志》记载："感通茶，性味不减阳羡（江苏宜兴），藏之年久，味愈胜也。"

感通茶的制茶法与烹茶法，在久远的岁月里一直不断地改良，故旧的文字里可以读出一些奥妙。

明代冯时可的《滇行记略》记载："感通寺茶，不下天池（江苏）伏龙（浙江绍兴）。特此中人不善焙制尔。""不善焙制"指的就是当时制茶法于时人所要求有一定的差异。明万历年间，滇中"理学巨儒"李元阳邀云南巡按刘维同游感通寺，寺僧以感通茶相待。李元阳、刘维与印光法师参悟禅茶，刘维还授与印光烹茶新法。后来，李元阳在寒泉旁建了寒泉亭，刘维还专门写了《感通寺寒泉亭记》："点苍山末有荡山，荡山之中曰感通寺。寺旁有泉，清冽可饮。泉之旁树茶，计其初植时不下百年之物。自有此山即有此泉，有此泉即有此茶。采茶汲泉烹啜之数百年矣，而茶法卒未谙焉。相传茶水并煎，水熟则浑，而茶味已失。遂与众友，躬诣泉所，并嘱印光取水，发火，拈茶如法烹饪而饮之。水之清冽虽热不解其初，而茶之气味则馥馥袭人，有隽永之余趣矣。"

明代是茶饮从煮饮向冲泡过渡的一个时期，亦是吃茶方法由唐代的饼茶、宋代的团茶改为炒青条形散茶的阶段。吃茶方式是将茶碾成细末煮饮，较之后来慢慢转变为把散茶直接放入壶或盏内的方式，应该还遗留有一段烹煮的过渡期。

刘维记："茶水并煎，水熟则浑，而茶味已失。"它指的应是水未沸即投茶同煮。至"水熟"，煎煮时间过长，茶汤自然浑浊，影响观感，口感上也失去茶叶的鲜爽。不过这样的烹茶方法确实是在云南民间尤其是大理一代流行过的"蒙舍蛮"的吃茶遗风。

饮茶始于西汉。西汉时尚无制茶法，汉魏南北朝以至初唐时的人们都是直接采茶树鲜叶烹煮成羹汤而饮。西汉王褒《僮约》云："烹茶尽具。"那时用的是新鲜茶叶直接煮饮，唐以后则以晒干的茶煮饮为主。西晋郭义恭《广志》云："茶丛生，真煮饮为真茗茶。"东晋郭璞《尔雅注》："树小如栀子，冬生，叶可煮作羹饮。"晚唐杨华《膳夫经手录》云："茶，古不闻食之。近晋、宋以降，吴人采其叶煮，是为茗粥。"那时，人们饮茶就好似喝茶汤，怪不得晚唐皮日休在《茶中杂咏》要大发感叹："然季疵以前称茗饮者，必浑以烹之，与夫瀹蔬而啜饮者无异也。"唐代伊始，随着社会经济的进步，制茶技术也得到全面发展，饼茶（团茶、片茶）、散茶出现，吃茶的方法也逐渐讲究起来。唐代饮茶以陆羽倡导的煎茶为主，煮茶之古风仍存，特别是在北方和西南少数民族地区一直沿袭至今。

云南是茶树王国，也是世界茶树发源地的中心，种茶、吃茶的历史自然悠久。不过，因天高地远，云南大山里的茶树默默地在岁月里枯荣，滋养了当地的百姓，却在唐以前的茶书、茶史里鲜见记载。至晚唐才有樊绰《蛮书》记："茶出银生

成界诸山，散收，无采早法。蒙舍蛮以椒、姜、桂和烹而饮之。"在唐朝，云南的版图尚未归入大唐，大好的云南山水是南昭国的天下，蒙舍蛮是南昭国的主要力量。《云南志》记载："蒙舍诏自言源于永昌沙壹。"永昌的哀牢人曾经北迁到大理巍山一代，与世居巍山的昆明人融合共居，后被称为蒙舍蛮。《蛮书》所记录下的蒙舍蛮的饮茶方式，其实在大唐也是普及的，是那个时代老百姓日常的吃茶习俗。

唐代煮茶，往往加盐、葱、姜、桂等佐料。苏辙《和子瞻煎茶》云："北方俚人茗饮无不有，盐酪椒姜夸满口。"清代周蔼联的《竺国记游》记载："西藏所尚，以邛州雅安为最……其熬茶有火候。"这些都是流传在民间烹煮茶法的佐证。这种加盐、葱、姜、桂与茶同煮的方式减淡了茶的本味，在更大意义上接近于羹汤，为后世所慢慢摈弃，亦是"茶圣"陆羽所不苟同的吃茶法，但其仍然不失为一种历史的遗证。时至今日，大理一带仍然保留有用陶茶罐烤茶、煮茶的方法，在白族的"三道茶"里就有浓浓的煮茶古风。

汲取了"先进"吃茶方式的刘维"拈茶如法烹饪而饮之。水之清冽虽热不解其初，而茶之气味则馥馥袭人，有隽永之余趣矣。"在蒙舍蛮吃茶法的基础上加以改进，借鉴了中原地区的方法，将茶之本味在煎煮中保留下来。这一切就是在感通古寺中、古井边、古茶树下发生的。刘维《感通茶

与僧话旧》诗云："竹房潇洒白去边，僧话留连茗熏煎。海山久思惟有梦，心中长住不知年。"记录的也是这段古寺茶缘。

感通寺吃茶的历史可谓久矣。寺内设有"茶堂"，专供禅僧辩论佛理、招待施主、品尝香茶。寺院里还设有茶头，专事烧水煮茶，献茶待客，并在寺门前派"施茶僧"，给过往的百姓惠施茶水。

晚年住锡大理感通寺的担当和尚有诗、书、画"三绝"的称誉，在感通寺曾写下多首茶诗。一首《叶榆令许思舫衙斋试茶》就令我们从不同的角度窥见感通

寺吃茶的风雅与大理地区的吃茶风俗："君不见，苍峰缺一胡为乎，只为天炎雪不枯。莫怪一方有冷癖，万里遥来宦叶榆。叶榆六月暑狱酷，幸有积雪与人沽。每日退食无一事，旋在树下支风炉。买雪必买太古雪，其雪洁白无点污。雪爽不得茶来点，谁识江南佳趣殊。江南清客手亲制，留与高雅不时需。一两二两安敢望，得将撮尔胜醍醐。烹之有法皆有器，然后方称陆羽徒。对酬只许三四座，以我参之韵更孤。得不一饮一嗟吁，西巡所剩无几多。不觉倾来只半壶。半壶半壶复半壶，何劳为我太区区。此半已是半之半，可不几连壶也无。主人不必嘴卢都，交情若也真能淡，是水吾当饮一瓢。"

苍山终年积雪，故大理的老百姓有"买雪"的习惯。炎炎夏日，有人从苍山顶上采下冰雪背到大理古城里叫卖，淋上糖水做冷饮，亦可供人煮茶之用。"买雪必买太古雪，其雪洁白无点污。"说的就是买雪烹茶的韵事。"烹之有法皆有器，然后方称陆羽徒。"担当和尚不仅吃茶要用苍山之雪，亦知烹茶的方法与器皿的重要。

"对酬只许三四座，以我参之韵更孤。"这两句写尽了吃茶的境况与韵味。俗话说：一人得神、二人得趣、三人得味。三四个人对饮，是最为恰当的吃茶氛围。而以"我"参之，就是一人品茶之神韵的"得神"之时。此一诗写尽了大理的民风、吃茶习惯、吃茶的方法和选择器物的重要，担当和尚对茶事可谓熟稔于心。"每日退食无一事，旋在树下支风炉。"吃茶确是当年感通古寺里的寻常事。

担当，俗姓唐，名泰，字大来，明万历二十一年（公元1593年）三月出生于云南晋宁。曾结茅鸡足山，"息机养静，十年览藏，十年面壁。师素工书翰，得董玄宰家法，画不取似，有笔外意"。晚年居于感通寺以诗画传禅说法，卒于清康熙十二年（公元1673年）十月，享年八十岁。担当和尚晚年常住感通寺，"宦游叶榆者，无不就寺谒师，师不避客，报谒如常礼，惟绝口不及事，词色蔼肰，无诗僧相，并无禅师相"。因仰慕杨升庵的品学，担当和尚重修了"写韵楼"作为自己的住所，感通寺也留下了"龙女奇花传千古，名士高僧共一楼"的千古佳话。

担当和尚有诗、书、画"三绝"的称誉。晚年的狂草行笔放纵老辣，跳动飞跃，画风也逐渐步入高古。他的诗句、楹联充满了禅机，分布于云南各处。昆明筇竹寺罗汉堂处悬挂着一副楹联："托钵归来不忘钟鸣鼓响，结斋便去也知盐尽炭无。"它就是担当和尚为大理鸡足山感通寺厨房僧侣撰写的。感通寺还有多处和尚书的牌匾，其中一方"一笑皆春"悬在檐下，与古茶树遥遥相应。

我的父亲曾在20世纪70年代雨中拜访感通寺一探古茶，与当时的当家大和尚吃茶话茶，拍摄下灰袍僧人搭梯采茶的照片，并写过记录的文章。据他回忆，当时的茶树生长状况良好，每年寺庙里的僧人可采下不少茶叶自制自饮。三十年后，我也赴感通寺探茶。入寺只见香柏岸然，苔色青青，钟磬声清脆穿云，正殿里师父正在午课，两位慈祥的老居士打点着素斋。我们一行人不敢贸然进殿，就先去探望那两株著名的古茶树。大殿东侧一筑小院，月门处一树粉色丁香开得冰清玉洁。估计是昨夜雨骤，地上落了不少花朵，直叫人不忍踏足。绕落花而行，古茶树就在眼前，一株靠院墙，一株稍居中。叶形窄长，树高约五米，主干有大碗口粗细，在一米六七处分为四条枝干，另一条甚粗壮的枝干不知何故被截了去，所喜余下的枝叶被雨雾娇阳滋润得青润茂密，茶果累枝。每年茶季灰袍僧人搭梯采茶的就是这棵茶树。

细雨绵绵，感通寺知客法鑫师招待我们在小楼上吃茶。待雨稍微小些后他给我们每人找了顶竹斗笠戴上，和德天居士一起去后山拜担当和尚墓。和尚墓塔静静安筑在青山深处，松涛起伏，可近俯满山的小茶树，可远眺碧波万顷的洱海。据记载，担当和尚临终时："癸丑孟冬示微疾十有九日，辰起端坐辞众，书偈曰：'天也破，地也破，认作担当便错过，舌头已断谁敢坐。'掷笔而去，就此圆寂。"

素仰老和尚风骨，诗画双绝。随缘至此，绕塔三周，聊表崇敬。不远处是大理佛教协会首任会长、感通寺住持惟昌法师之墓，墓畔就是寒泉所在。当年李元阳、刘维与印光法师参悟烹茶之处泉源虽在，寒泉亭已无存。听闻寺里有意恢复，在此敲词煮茗指日可待。站在此地，满眼的山水风光，更可感受到"一笑皆春"里的天地情怀、融融慈悲。

暮雨中的惠山竹炉与菖蒲

天色越来越暗，二泉边芭蕉叶绿浓得好像要滴落下来。低头啜茶，忽然发现茶席上的菖蒲细长的叶尖上挑着一滴莹亮的露珠。原来这便是古人说的菖蒲之露。

古代的书生寒窗苦读，一盏油灯熬到三更想必已是昏黄憔悴，又有油烟暗绕。幸好，案头还有一盆翠绒绒细密的菖蒲，默默地就将那熏眼的烟暗暗收了去。功名未举，红袖添香尚在未来，唯有这寂寂小草是现世的翠衣良伴。何况李时珍还说：

"柏叶上露，菖蒲上露，并能明目，旦旦洗之。"挑一滴菖蒲叶尖的露珠，润目润心，天明前又可看破万卷书。

养蒲多年，但因昆明气候干燥，需得在用水处特别用心，在"一水间"中辟得一方又朝阳又湿润的露台，才让蒲草安心生长，但蒲尖的露一直未曾见到。

杭州茶事了，与枝红伉俪坐火车到宜兴，弟子清欢已早早在车站等候。一路访古龙窑、东坡书院。大雨忽至，行车只好缓慢小心起来。回到无锡城时已过了申时。文儿早说好在惠山寺二泉设席等候。茶席设在山顶，穿过回廊入席前，稍微有些匆忙，落座下来却只听到雨打芭蕉的苍润之音。文儿用碗泡法泡明前碧螺春，湿润的古寺回廊下，靠墙案几上放了一只竹炉。是的，在惠山吃茶，这竹炉是必需之物。惠山寺与竹炉以及乾隆的过往，想必吃茶的人都知道，而寺庙里的"二泉"本是一桩茶事佳话绝胜处，因为电影《二泉映月》的故事，让外地人一提起来就

觉得多了些薄凉。坐定此处，听雨吃茶，反倒是乾隆帝的"登惠山听松庵。汲惠泉，烹竹炉，因成长歌，书竹炉第三卷。援笔洒然，有风生两腋之致"更与景致相符。我泡了第二道茶，清欢执壶泡了第三道茶。同席的听松居士伉俪或论画或抚琴。天色虽晚，但满目翠微，七弦上音韵苍古，教人不舍离去。席间的虎须菖蒲竟不知不觉中溢出露珠，掌烛看蒲，细密清瘦，愈有文人之风。芸芸珠露，可是文心玲珑？

茶末，天色已沉，收拾东西出山门，听松居士伉俪就住在惠山寺旁的寄畅园，邀我们进去小坐。与寄畅园毗邻的一面高墙，植竹为画，下筑湖石，植蒲数十盆。粉墙被风雨书出了"屋漏痕"，灯光将竹影投映上去，品得四时之味。江南文人的澹然与清劲气息，见物见心。临别，得听松居士赠蒲一盆，夜色中捧蒲而行，那蒲露与雨露，竟清凉得分不清彼此了。

敦煌一梦

一件事用情太深，便容易沉溺其间。

敦煌回来，还时时感觉走在苍黄的戈壁。遥想那些在时光里模糊而又清晰的佛像，甚至还想伸出手，触摸干枯的石壁。而这石壁或孤城，转瞬成过往，在岁月里变换着容颜，从古战场的血流成河到风化成尘，再到月光似的苍白，那是两千年的时光流转。

玉门关前春风昨日，杨柳依旧，曾经有过多少红鬃烈马、多少血性男儿！这里还有过玄奘和尚"冒越宪章，私往天竺"，长途跋涉五万余里的身影。一轮落日，让远处的沙漠竟幻成河流的波光，真的是"长河落日圆"。

而阳关的落日，让起伏的群山笼罩在黛烟紫霞的云气里。再看敦煌的云，恍然间竟有飞天的痕迹。走过许多山水，见过许多的云，没有哪里的云可以这样灵动飞扬，像展翅的凤，像飞天漫舞的飘带，在故城的城头，在烽火台的背后，在一亭一琴的高处。

时光里永恒的是信仰，这

信仰高悬，是莫高窟的星空，是阳关落日后的灿灿的银河系。而我们，曾在这星空下起一炉炭，设一席茶，与久别的故人一起吟唱"明月何时有"，与寂寞的荒野吹一管"风雷铎"。谁人抚琴，"西出阳关无故人"？句句三叠，从今一别，两地相思入梦频。

戈壁上也有野花，散落在低矮的灌木丛里。俯身看见，暗自惊喜。微小的花朵，如梅花生五瓣，中间还有极细的花蕊，一朵花该有的生命状态，它不差分毫。天晓得，在这样酷日的照耀下，它是如何从沙砾里汲取生命之水的。还有杨柳长成张扬的姿态，叶片缩小，悄悄厚实起来。在春风里它们一样招摇，没有怨尤。于是，茶席边有了白色的枯枝、风凌石，有了微紫的小花。茶汤照见茶

人满怀的感慨，几千里的路途疲惫化成眼前的美好，这景象曾经在梦里。我们只是归来的人，携了茶箱和梦想，结伴而来。

这一刻

我在

这一刻

你在

无数走过和留下的人

比不得沙砾的坚强

肉身消亡

信仰却终世高悬

那是莫高窟夜晚的星空

这一世

聚过

这一世

别过

如梦如幻

转眼成空

哪一次离去不是为了再来

若再来无期

可以

有一盏茶汤和我一起等待

在人来人往中坐定

投茶

入壶

提泉

倾注

流云若飞天浅翔

红柳像北朝某一天的日落

比敦煌的石头风化得早的

幸好不是文字

不是五色

才可以福泽了多少世多少众生

其实

即使文字和面容身体都风化了

依旧

在云高处

记得

此处非我非莫高窟

此处是我是莫高窟

——迎新

丙申寒露

附记：2016 年 9 月 22 日，"王迎新人文茶道研修进阶课"敦煌特课在敦煌进行了为期五天的学习。9 月 28 日，来自全国各地的人文茶道研修者和嘉宾在敦煌莫高窟九层塔前举办了"莫高窟茶汤会"。

莫高窟茶汤会

指导老师：王迎新

第一席 相见欢

席主：李媚 周立华 张宏芳

亿千万年流沙移脉，金戈铁骑飞尘起，相念泪溅衫。今望穿秋水故人来，荷物入阳关。攀高亭，望山峦，置茶席，抚琴而歌，迎风起舞，人生不过相见欢。

茶品：第一道，一水间 2010 年冰岛古树纯料；第二道，2016 年临沧大雪山千年古树红茶。

第二席 敦煌一梦

席主：王舒靓 杨玉金 张莉

千年一梦回敦煌，几时曾见将军归？玉门秋风环佩幽，阳关叠韵余音绕。策马骋怀天际处，瀹得春芽化甘露。鸣沙流响，月牙清冽。摩崖飞天，圣鹿回首。万态呈祥瑞，瞻礼涌心潮。人生如大梦，梦醒人未知。

茶品：第一道，一水间 2010 年冰岛古树纯料；第二道，2015 年春台湾贵妃乌龙。

第三席 大漠情

席主：罗云华 山岩 李红

劝君更进一杯茶，西出阳关有故人。茫茫戈壁，苍凉大地，塞外风光无限好，人情茶情香更浓。手中的一杯茶，承载着我们生命中的千般滋味，让我们更懂得珍惜生命中的美好与感动，让我们更知道感恩那些与我们相知相伴的有缘人。

茶品：第一道，一水间 2010 年冰岛古树纯料；第二道，2015 年易武高山茶。

第四席 轮回

席主：孙宁 依依 春燕

金戈铁马，纵横天下，卷起血色的风沙。你的脸颊，沧桑如画，是我无悔的牵挂。你的战甲，刀剑如麻，是我永远的天涯。霜叶漫卷，风过眉间，低头啜茗的思念。残垣碎瓦，美了落霞，黯淡等待的白发。今且与君共一盏茶，你我皆轮回在这苍茫的天地间。

茶品：第一道，一水间 2010 年冰岛古树纯料；第二道，牛栏坑、肉桂。

代后记

　　丙申年桂月，迎新将收藏的花笺取出。品茗共赏之余，特嘱将"林泉十六品"书写其上。一一写来，性情所至，偶出败笔也一笑以圈了之，释然任君评点。

砚田

　　（李宾，号砚田。本书书法作者。云南人氏，云南省陶瓷工艺大师，昆明市美术家协会第六届雕塑陶艺艺术委员会副主任。供职于昆明学院"美术与艺术设计学院"，执教中国书画、书法及陶瓷设计等专业学科。三十余年来专注中国画、书法、陶瓷艺术的创作，作品多次荣获国内各大艺术展奖项，并被国内外友人收藏。）